周蓓 主編

『民國專題史』叢書

(日)西村真次 著　曲濯生 譯

河南人民出版社

人類協同史

對當今人類與自然，人類與社會如何和諧共處提供了極好的參考。從本書的内容看，對當今社會的發展、進化，人類如何同自然和諧相處有一定的啓發作用

圖書在版編目(CIP)數據

人類協同史 / (日)西村真次著; 曲濯生譯. —鄭州 : 河南人民出版社, 2016.4(2017.1 重印)
(民國專題史叢書 / 周蓓主編)
ISBN 978-7-215-10033-6

Ⅰ. ①人… Ⅱ. ①西… ②曲… Ⅲ. ①人類進化-歷史 Ⅳ. ①Q981.1

中國版本圖書館 CIP 數據核字(2016)第 079706 號

河南人民出版社出版發行
(地址：鄭州市經五路 66 號　郵政編碼：450002　電話：65788063)
新華書店經銷　　河南新華印刷集團有限公司印刷
開本 710 毫米×1000 毫米　1/16　印張 11.75
字數 170 千字
2016 年 4 月第 1 版　　2017 年 1 月第 3 次印刷

定價 ：74.00 圓

出版前言

中國現代學術體系是在晚清西學東漸的大潮中逐步形成的。至民國初建，中央政治權威進一步分散和削弱，加之新文化運動帶給國人思想上的空前解放，新學的啓蒙，新知識分子的産生，民國學術如草長鶯飛，進入一個自由而蓬勃的時代。中國傳統學科乃中國學術之根基與菁華所在，民國學人采用『取今復古，别立新宗』之方法，引入西方的學術觀念，積極改造，使史學、文學等學科向現代學術方向轉型。此外，大力推介西方社會科學的新學科和自然科學，在學習、借鑒乃至移植西方現代學術話語和研究範式的過程中，逐漸建立中國現代學科，使中國的學科門類迅速擴展。一時間，新舊更迭，中西交流，百花齊放，萬壑争流，開創了中國現代學術的源頭。

伴隨知識轉型和研究範式轉换而來的，還有學術著作撰寫方式的創新。中國古代的著作向來以單篇流傳，經後人整理匯編後，方以成册成集的面目出現并持續傳播。直到十九世紀末，東西方的歷史編撰體裁不外乎多卷本的編年體、紀傳體和紀事本末體等，章節體的出現標志着近代西方學術規範的産生和新史學的興起。章節體具有依時間順序，按章節編排；因事立題，分篇綜論；既分門别類，又綜合通貫的特點。以章、節搭建起論述之框架，結構分明，邏輯清晰，較傳統的撰寫體裁容量大、系統性强。它的傳入，使中國現代學術體系從内容到形式被納入了全球化的軌道。民國時期專題史的研究、譯介、編纂、出版恰恰是在這樣的背景下欣欣而發，是學術的實驗場，也是歷史的記録儀。編選『民國專題史』叢書的初衷正是爲了從一個側面展示中國學術從傳統向現代過渡的歷史進程。

專題史是對一個學科歷史的總結，是學科入門的必備和學科研究的基礎，也是對一個時代艱深新鋭問題的解答，是學術研究的高點。民國專題史著作中，既包含通論某一學科全部或一時代（區域、國别）的變化過程的，又囊括對一時代或一問題作特殊研究的，還有少部分是對某一專題的史料進行收集的。原創與翻譯并重，翻譯的底本大多選擇該學科的代表著作或歐美大學普及教本，兼顧權威性和流行性，其中日本學者的論著占據了相當比重。日本與中國同屬東亞儒家文化圈，他們在接納西方學術思想和研究模式時，已作了某種消化與調適，從思維轉換的角度看，更便于中國借鑒和利用，他們的著作因而被時人廣泛引進。

與當代學術研究日趨專業化、專門化、專家化的『窄化』道路迥乎不同的是，中國傳統學術崇尚『學問主通不主專，貴通人不尚專家』的通識型治學門徑，處于過渡轉型期的民國學術在不同程度上保留了這種特徵。民國學術大師諸學科貫通一脉，上千年縱横捭闔之功力自不待冗言，外交家著倫理政治史、文學家著哲學史、化學家著戰争史等亦不乏其人，民國專題史研究呈現出開放、融通、跨界撰述的特點。與此同時必須看到，自晚清以來，中國的命運就在外侮屢犯、内亂頻仍的窘境中跌宕彷徨，民族存亡仿若命懸一綫。這股以創建學科、總結經驗、解決問題爲指歸的專題史出版風潮背後，包裹着民國學人企望以西學爲工具拯民族于衰微的探索精神，及以學術救亡的愛國之心。梁任公曾言：『史學者，學問之最博大而最切要者也，國民之明鏡也，愛國心之源泉也。』這種位卑未敢忘憂國的歷史使命感和國民意識是今人無法漠視和遺忘的。

『民國專題史』叢書收録的範圍包括現代各個學科，不僅限于人文社會科學，學科分類以《民國總書目》的分科爲標準，計有哲學、宗教、社會、政治、法律、軍事、經濟、文化、藝術、教育、語言文字、中國文學、外國文學、中國歷史、西方史、自然科學、醫學、工業、交通共19個學科門類。本叢書分輯整理出版，内不分科，單本發行，方便讀者按需索驥。既可作爲大專院校圖書館、學術研究機構館藏之必備資源，也可滿足個人研讀或興趣之收藏。

與目前市場已有的一些專題史叢書相比，『民國專題史』叢書具有規模大、學科全、選本精、原版影印的特點。本叢書選目首重作者的首創、權威和著作影響力，尤其注重選本的稀見性。所謂稀見，即建國後没有再版，且多數圖書館没有收藏，或即便有收藏，也是歸于非公開的珍本之列予以保存，普通讀者難以借閲。部分圖書雖有電子版，但作爲學術研究的經典原著讀本，紙質版本更利于記憶和研究之用。本叢書精揀版本最早、品相最佳的原版圖書作爲底本，因而還具有很高的版本收藏價值。

『民國專題史』的著作是民國學者對于那個時代諸問題之探究，往往有獨到之處，無論其資料、觀點短長得失如何，要之在中國現代學術史的構建與發展進程中，自有其開宗立論之地位。

西村眞次博士

西村眞次博士略歷

日本史學界之泰斗西村眞次博士，明治十二年三月三十日生於宇治山田市。少時係一文學青年，曾以「西村醉夢」之筆名屢次發表名文於新聲（雜誌——今之新潮），頗受一般青年讀者所歡迎。明治三十八年於早稻田大學畢業後，曾就職於東京日日新聞社，發揮操觚者之敏腕。明治四十三年，富山房創刊學生雜誌，遂被聘爲編輯主任。大正七年，就任早稻田大學文學部史學科教授；昭和三年昇爲史學科之教務主任。昭和七年，以人類學汎論與日本古代船舶二著獲得文學博士之學位。昭和十八年五月二十七日逝世。著書有被學界所公認之名著神話學概論日本古代社會世界文化史日本文化史概論人類學汎論萬葉集之文化史的研究英文日本古代船舶日本古代經濟等六十餘部。（譯者）

(1)

(2)

(3)

(4)

第一圖版　女性石彫像

(1) 是在法國勞塞爾(Laussel)之絕壁面上所刻的浮彫；面部雖不淸楚，但由乳房判斷分明乃是婦女，右手所拿的乃係角器。(2) 是在格利馬爾提之洞窟所發見的石製女神像。(3) 是叫做「維那斯」(Venus von Willendorf)的彫像。以上三種彫像相通之點，乃是身軀肥大，凸脅雙乳和腹部，尤其臀部更大。這種形像是否是只由於想像所產生，或是眞實的表現，乃是疑問；但是若和 (4) 來比較便可明瞭。(4) 是住在南亞非利加之霍屯督族的婦女，其體格和形像乃與前三者完全相似；所以這些石彫，不妨可認爲是舊石器時代之婦女的寫實彫刻。(解說係參照西村博士之人類學汎論——譯者)

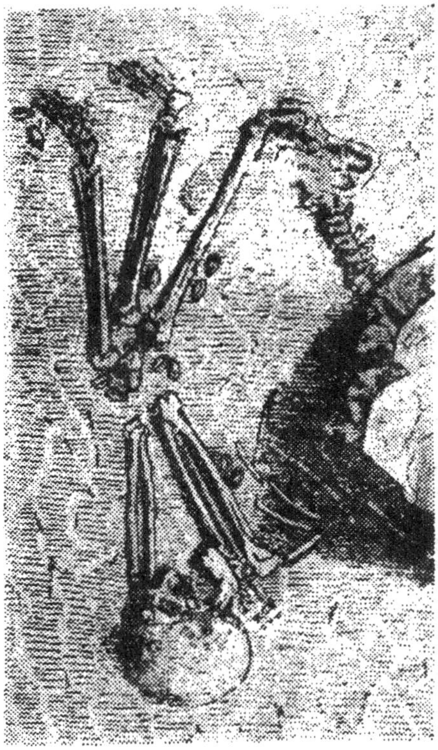

第二圖版　舊石器時代之護符

馬格達連尼安時代之人骨業曾發見於勞塞里·巴斯；因恰如胎兒在胎裡似的姿勢，故而學者曾謂之「胎兒型」。在這骨骼的足前，膝頭，腿，腕上，左右各曾放着兩個子安貝。此貝因地中海並不出產，所以想必是由紅海或印度洋所帶來的。何以要帶着子安貝？這乃是疑問；但由種種研究之結果，可做曾用為多產之呪符而佩帶之解釋。日本，竟連如今小孩子們仍有帶着子安貝的。想這都是古時曾做為多產或安產的呪符之餘風。（解說係根據原書之圖版解說——譯者）

第三圖版　土器之製造

土器雖有許多製造方法，但最早者乃係以手捏製。本圖乃指示着新幾內亞的婦女在製造土器；下圖是表示將粘土捏成長條，將它盤繞着推疊起來。上圖是表示在修整着它，使表面得以平滑。這便是所謂「螺捲法」。婦女曾從事於土器之製造一事，乃如梅遜之所說：原始工業主要是由婦女操作，男性與此無干。照片係於邁魯(Mailu)所攝，可做爲土俗學底證據。（解說係參照西村博士之文化人類學——譯者）

(1)

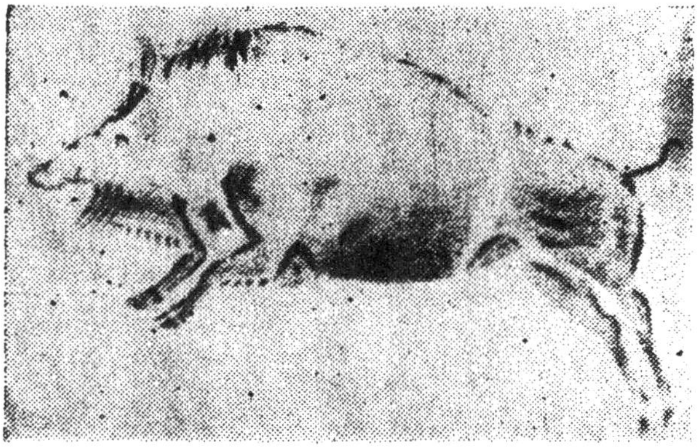
(2)

(3)

第四圖版　亞耳他米拉之壁畫

西班牙亞耳他米拉的洞窟裡，新石器時代的人類在壁面上曾描着和他們自己共存過的動物圖像。（1）乃是原牛（2）乃是野豬（3）乃是野馬；這都是他們出狩獵所捕獲的東西。那時候，雖然尚未馴成家畜，但想必是曾食其肉，用其骨以造器具，皮多半曾供為衣服的原料之用。到了新石器時代，這種野生動物遂被人所飼養，繼由原牛而牛，由野豬而豬，由野馬而進化為馬。這些壁畫，乃在向我們指示着太古時的人類之和其他動物過着共棲生活的歷史。（解說係參照西村博士之人類學汎論——譯者）

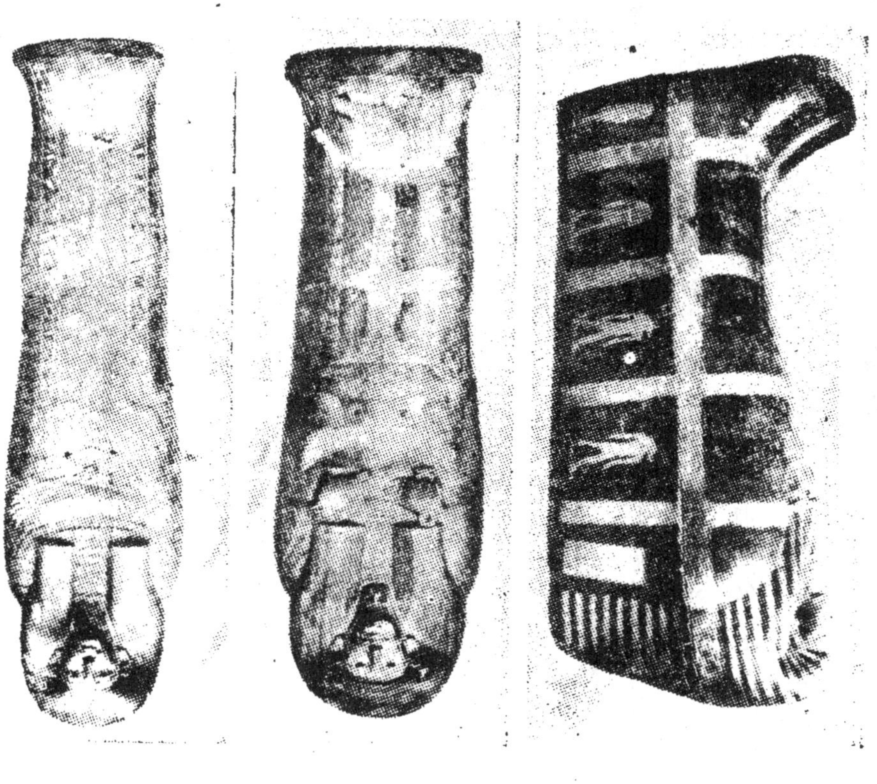

第五圖版　楷阿之裝飾棺

楷阿之裝飾棺，曾陳列於開羅博物館。左端係由側面所看的外棺，其次是中間所收容的中棺，內部收容着右端的內棺，乾屍（木乃伊）乃裝於此內棺中。外棺裏面曾塗以地瀝青，外面有灰泥細工的裝飾；臉和手曾施以鍍金，頭髮乃以黑色及金色線條來表現。中棺雖也美觀，但最美者乃是內棺，其臉乃係精確的模寫。裡面的乾屍，如今仍舊如生，依然還在表現着他那數千年前的面容。這乃是在窺究古代埃及人對於屍體保存及保護之觀念上極其重要的資料。（解說係根據原書之圖版解說——譯者）

序文

靜觀世界之動態，令人可欣快者並無許多；反之，令人可嘆可憤者却爲不少。至於因何而生出這種現象？好久之間，我曾加以種種考察。如是，竟感到了這是由於各國民各個人專以自己們造想爲主，對於他國民他個人並不深加考慮的緣故。總之，即是因爲利己底行爲在這世界中充滿，缺少愛他底精神，纔使發生出種種可憎的事件。

造成利己行爲之根底的基本思想，只不過是由達爾文（C. Darwin）以來之進化論所育成的生存競爭，優勝劣敗，適者生存之諸觀念的綜合而已。然而將達爾文之進化說再行仔細的考察，並將人類發達之歷史加以嚴密的檢討，可發見出進化的根本動因不但是在於人類之相扶助，並且又和人類以外的動物以及其他曾相協同的事實；如是竟使達到了對於從來之由鬪爭而進化的觀念，乃是觀看盾的半面而遺漏了另外的半面之結論。若用色眼鏡來觀察物體，則要看見一切都是有色；因爲是以鬭爭乃是進化之動因的偏見來觀察，所以便要看見十九世紀以來的人類，無論何事都成了好鬭的情勢。

被開斯勒（Kessler）克魯泡特金（P. Kropotkin），尤其更徹底的是被達爾文之說喚起了注意，好久之間，曾將人類進化的歷史以沈靜之心境繼續研究的我，對於從來之歷史家及人類學者所涉及的人類進化之歷史不爲滿足之點覺多起來；因而將自己之所把握加以系統寫出，業曾以『人類學汎論』之題名刊行，幸蒙大方讀者之披閱；然是書之所言及，多爲外底現象，至於內底生活，乃少有所觸及。是書出版之後，我幾乎斷絕社交，專念於人類進化之非物質底動因之研究；終於想到了人類之進化，不外乎是由於彌漫在宇宙間之生命的脈動。如是又想及在其生命之中根本便有慾求；第一是保存其自身，第二是繁殖其自身，第三是欲使其自身與由自身所分岐之諸生命互相協同。

我由這種觀點，曾將人類之進化史另行觀察，覺明白了人類之眞實的歷史乃是協同的歷史；將它視爲鬭爭的歷史，的確乃是偏見。因而，便想赤裸裸地將人類之進化過程意欲具體底記述出來；一方面從事於忙碌的教職，而將每月零碎所寫成者摘其所要，簡明地試寫完畢者便是本書。

本書主要是想記述由人類之協同而使人類得以進化的事實，因而竟於『人類協同史』之題名下問世。雖然內中當然也曾述有幾分鬬爭的史實，但這是從而並非是主；是方便而並非是目的。人類之眞目的，乃在於由協同而相扶助，以全體進化爲目標之點。其目的雖不眞確，但在百五十萬年間之人類發達史中却渺然地現露出來。我把它收拾起來，附以順序，且插上史的過程，不拘拙劣纔寫成如本書之體裁。本來本書並非爲乞敎於學者而寫；乃是欲向大衆述說協同乃爲人類之本分，因之便以通俗，簡易，與趣爲標準而記述出來。然而本書之中，曾充滿了新原理，新法則，新創案，使我心中暗自感到愉快；當本書寫成之際，竟不能不使陷入一種『自己陶醉』之感。

昭和四年十二月三十日

西村眞次

目次

人類協同史

西村眞次著
曲濯生譯

一　最初的文化

人和猿是由共同祖先分岐下來之事，因爲進化論能給我們充分的證明，所以人的文化和猿的文化也一定是由共同祖先分岐下來無疑。如果這樣，又可以想到當猿和人分岐的起初，兩者的文化幾乎是完全沒有差異了。

這裡之所謂『文化』，雖只不過是生活樣式的意思，但若詳細考察起來，生活樣式乃出於精神作用之結果，所以說文化即是精神生活也未嘗不可。然而精神生活每人都可以有不同的形態；至於生活樣式，乃有共同的範圍，在某一個範圍裡，營生的方式非相同不可。

最初之人的文化狀態是怎樣的？首先對此乃須加以觀察是所緊要。人由猿所分出的顯著之相異點是猿不能久立而人能始終直立。那麼何以能始終直立？因爲猿的前肢不太自由，且非時常用它支持身體不可；人有發達的骨盤和下肢，不用手也能直立的緣故。人自從手得到了自由，這纔造成了人獲得和猿相異的文化之動因。

人類學者說：人和動物之文化的差異乃在於使用器具和取火。從來的見解，以爲人所使用的器具是石塊，是取自然原有的石塊，用它向對方——雖說是對方，但這並非是人；乃是和自己們占據在同一地點而棲息的動物——投擲；或是在吃堅果等時，用它將皮剝開，而取出中間的果肉之事想也能有。試觀今日之野蠻人與文明人的兒童，當在噪架時立刻便要拾起脚前的小石，用它向對方投擲；由於這個，想誰都能即刻料到原人也定要如此的。然而試觀猿的生活，牠們對於對方也要投之以石塊；或在弄碎樹木的果實時也用小石；因是，則不能將此視爲人之最初的文化了。

二　由木棒而石棒

究竟最初人所使用的器具是什麼？最近的學說，說人最初多半是爲某種目的而使用過樹枝。連舊石器時代的人竟會以木棒與敵相鬬，所以在其以前的人多半也要使用樹木是可以十分地類推出來。具有這種見解的人，爲要避免像過往那樣將最初之文化階段稱做石器時代，而假定出早於它的木器時代。這種假定，並不必然就是有了正確的證據而設定的；只不過是因爲石器細工並非容易，所以在它以前是要折取樹枝的一種想像而已。

然而若只拾取小石，或以石塊投擲，並沒有另去施以細工之必要，故較折取樹枝容易；因是，便有了石器時代早於木器時代之說。但在前面業已述過，小石和石塊，連猿都能操縱，並不用加以些許的細工，所以不能把它叫做石器。所謂石器，嚴密的意思乃是非把自然石加上些人工的削剝或打製不可。因爲加上了人工，原有的石塊纔能算做石器，因而仍須認爲木器是早於石器。當猿等與其他强敵相遇，或被追馳之時，也有將身體躱到樹蔭裡，或者把樹枝屈彎而用它來遮蔽對方的時候；再看兒童在林裡玩耍做戰爭遊戲等時，常要利用樹幹或樹枝，往往要把它折下，來和對方對抗；所以可承認利用樹枝要算是最早。

由此觀之，最初人的利器可以說是木棒。雖然原人本來要有强大的氣力，但却一定是要折取較粗大且笨重的大樹木輕小且相宜的小樹木無疑。由於鬼的鐵棒觀察，多半是曾利用了有刺的樹木，譬如像 Tarragon 那種樹木。鬼的鐵棒，是在曉得鍊鐵之後，纔把有刺的木棒改成了鐵的。試觀奇利押族(Gilyaks) 的武器，恰與日本人的木槌——尤其是和染廠所用的木槌相類似；胴部滿掛着釘子，柄部附以皮條，做成能向對方投擲的裝置。起初是用有刺的木棒相擊；及至漸漸聰明起來，隨着又計劃出使自身能盡量與對方遠離，並且能加害於對方的方策。在 Boomerang——即擲矢以前，想必是曾利用過這種方法。日本的『タタカヒ』這句話，探其語原乃是相擊，就是把『タタキアヒ』的『キア』略成一個『カ』字；所以最初的戰鬬術，一定是相擊無疑。

三　鎗與劍

試觀日本石器時代之遺物，所謂石棒爲最多。石棒之中有許多種；有施以美麗之彫刻的，並且有形似陽物的因而便有人說全都是爲陽物崇拜；但其實乃是武器。因爲樹枝的力量薄弱而難以加害於敵，故在曉得將石塊施以細工之後，便去採取適當的長石，造柄於其一端，而握以擊敵；不但是『人』敵，竟連欲要加害於人的熊以及狼，或是自己意欲捕食的動物，也用它去擊殺。

石棒的先端當然要粗，好像要使粗的部分向敵打中而去加害於敵似的。但在山形縣等處所發見的石棒，先端竟有尖的。由於先端的尖形觀之，可知道這並非是用以擊打的工具；乃是用以突撞的；可以說這就是石鎗的原始形。然而石棒的先端不但是有尖的，並且還有下端較上端薄而有刃的；想這不但是用以突撞，多半又要用以斫砍；這就是石劍的原始形。

四 弓矢之發明

使用這種石棒，石鎗，石劍；自己非去和對方接近不可。自己去和對方接近，便是自己若不得勝則要敗於對方的意思。這與角力的敗北或棒球的敗北不同，乃是眞實的勝負。所以不是將性命送給對方，便是自己奪到對方的性命。雖然是原始人，但也定能由於時常戰鬭的經驗而生出盡量避免這種危險的願望。於是，便要像前面業曾說過那樣，須要處在和對方相隔的地點而能加害於對方的器具了。

應從着這種要求，首先所造出的便是弓矢。最初的矢乃係石造，考古學者把它叫做石鏃。石鏃有有柄與無柄兩種，多半都是三角形，把它附以矢幹用弓來射。在有竹之地是用矢竹等竹類做矢幹；但在無竹之地乃用樹枝。試觀從日本的古墳裡發掘出來的矢，其矢幹乃係木製。因爲矢的確能將遠處相隔的對方射死，所以在原始人定要算是一大發明而歡喜的。但是矢的發明竟是極晚，在舊石器時代的初期並沒有曾使用過它的痕跡。

却說弓是怎樣想到的呢？這多半是當原始人踏過小樹或灌木之際，曾被彈回而重重地打痛了股部或打痛了腿，如是便曉得了樹枝是具有彈力之事。由此，竟想到了一方面利用它做動物的捕機，另一方面却利用它來做出了爲使石鏃能以直射的弓。如今兒童做爲玩具所用的彈弓，那就是原始底弓矢。弓是由彈弓所進化的，矢是由小石所進化的。使用小石，雖將對方打中但也不能與以多大的損害，因而竟將先端弄尖，使能穿破對方的肉而造出來的便是鏃；和把石棒的先端弄尖，結局是同工異曲。鳥之所以能飛得快而且直，因爲是長着翅翼；如是，便把牠的羽毛紮於矢幹的後端，使能直射而造出來的卽是矢羽。人從最初便是專行模倣，可是，這樣竟漸漸地造成了完善的弓矢。

五　唯有戰爭麼？

由此觀之，人所發明的東西好像甚都是利器似的。人從起初直到最後是否專在戰爭？因何却非戰爭不可？

有一部分學者的見解，說是當初的人非去戰爭不可。人和猿類的分歧，距今約在一百五十萬年還要以前；其地點雖然不明，但大概是在生着欝勃的森林，一年之中，豐富地結着各種果實的熱帶地。雖然地點本來是難以指定，但暫且却可認爲是當印度與壕洲地面相連亞非利加和印度結成大陸的時期，人和猿是在那裡而分歧的。在這種熱帶地方，定要棲息着像象那種大獸，棲息着獅子，虎，毒蛇，以及可怕的動物，不絕地欲要把人來做爲牠們的犧牲而睜開那利害的眼。因爲人沒有瓜，牙，蹄，角；不能抓，咬，踢，撞；所以若和這些猛獸毒蟲相鬪，當然非去製造自己所沒有的東西而用它來和對方敵抗不可。如若不然，他們則不能不立刻便做了獅子或虎的食物。如果不能敵抗而離此他去，他們這天的食糧便不能到手，只有餓死而外並沒有別的路子。

當進則將被對方所擊殺，退則除餓死而外別無他路可乘的時候，人們便籌思着種種方法，發明出如上之器具，計畫着先去將對方殺掉。用石塊擲，用石棒投，用石鎗撞，用石劍砍，放石矢以殺猛獸毒蛇，乃是最先之所計畫；攻擊的武器，竟是這樣所發明出來的。

並且那時候人的數目並不很多；因爲在所居住之地有着許多的食物，所以在同類之間並沒有生存的競爭，因而也沒有可以憎恨的互相忿怒，人們之間是在保持着良好的交誼，戰爭只是向猛獸挑發，並沒有人和人的戰爭。

六　人類同志和衷協同

殘忍的人們之間的戰爭，說是從太古便曾存在的確是錯誤的。試觀馬，羊，以及和人類似的猿，牠們都是有着豐富的社會性。牠們決不和牠們的同類相鬬，不，牠們的同類索性是結成了群，常在相同的地點尋求着相同的食料而過着相同型式的生活。牠們竟是這樣的以當共同的强敵。

試聞獵者的經驗談，說是孤獨的鳥雖然易打，但群居的鳥却爲難擊。究其所以，因爲群居的鳥類越多，牠們的傳答越做得完全，而去警報着獵者的襲來。雖然一隻鳥只有兩隻眼，但十隻鳥却有二十。牠們那二十隻眼和兩隻眼相比，是能具有十倍寬濶的視野；或叫，或飛，去向自己的同類們傳報着人的到來。這種傳答方法乃有許多；雖然由於動物的種類而其形式不同，但是終必歸結於動作和聲音兩種。前者乃是擬勢，後者卽是語言。

擬勢和語言，在太古時的人類界便曾發達得最完善○人類學者將這兩種通稱爲『言語』；將擬勢稱爲『擬勢語』，將語言叫做『口語』○雖然後者之發達當然要遲於前者乃無須贅言，但却並非是起初沒有語言，只不過是沒有相通的口語而已○口語最初想必是單純的叫聲；若以嬰兒當做人之原始時代的表現，則人的語言起初一定是像赤子的叫聲無疑○由此漸漸進化纔變成有韻的聲音，造出完善的歌聲，由歌聲而進化到語言，這乃是一般所相信的○人的智慧較於其他動物進步之事，試觀往昔的化石，由其收容腦髓的頭骨之大便可以知道；所以一定是用較其他動物更進一層的方法，互相傳報着獅子和虎等的襲來○及至對此更能用語言傳達之後，竟使自己們的動作越發敏活起來；結果，使減少了猛獸之害的遭遇，便越發覺到了和衷協同的必要，而較以前更加親密的過活着，不但是免去了敵害，並且一定又曾計劃出殺敵的方法○如是，人們終於脫除了單純的『群』的範圍，竟至於造出『社會』來○雖然是連鳥，羊，螞蟻，水鳥，也都曾爲了自己們的防護而結成了群，知道和衷協同，但是尙且不能將它視爲社會。所謂社會，並非是單純的集團；乃是非有有機底結合不可。然而人之最初的社會是怎樣的？

七　人類最初的社會

猿類雖有幾十隻或幾百隻成群的時候，但是偶而也有做成只幾隻的寂寞之群的時候。人在發生的當初，因爲能使想到和猿沒有多大差別，所以他的群多半是要不能超過幾人乃至幾百人。若據動物學者的考察，說最初的人群之人數想必是並不很多。

像這種原始集團，雖然本來是要較鳥羊等進步無疑，但在最初並沒有所謂有機底關係，只不過是成群地同動同寢，同喜同悲而已。他們始終是一同工作一同飲食，所以並沒有任何的紛爭。所謂個人意識，在他們之間乃幾乎是完全沒有；只有團體意識在支配着，並沒有所謂自己個人的痛苦，即便是有了任何苦悶也能甘心忍受，以爲當然要去盡力地活動。贊成有益於群全體的事，否認妨害全體之和平與安寧的事。雖然是模糊不清，但適合於全體的希望與否自然便會知道。這乃是被一種所謂群衆意識在支配着。

那時候的社會是半群半社會，也就是較獸群稍微進步些的程度。造成這種先行社會的構成員，主要是由於血屬關係。雖然並非是持有意欲只去集合血屬關係者的意識，但是却自然地得到了這種結果。

從春天直到初夏，當草木繁盛鳥獸增殖的時期，人也是這些生物之一，所以也要不斷地實行着配偶運動。當他們的配偶季節，男性們盡量發出優美的聲音，唱着原始底歌；盡量使精敏地揮動着手足，跳着原始底舞。這種歌舞想必是打動了聽到它，看到它的女性們的心，使她們湊到男性之中自己以爲最美者的身傍，眷戀地望着異性，或者甚至於把手搭在異性的肩上，或握着手，其中竟有擁抱起來的。想男性定要携着湊來的女性的手，或是拍着脊背。若湊來的不只一人而是兩人或三人的時候，想男性定要從這裡面選出自己所最喜歡的，對於她的戀慕意欲表示答復的心情。為要獲得一位男性的女性們，想定要惹起嫉妬之爭；並且欲要得到美貌之女性的男性們，也定要互相激鬬起來。在這種配偶季節，人們却忘掉了平生的安靜；擲，踢，撞，推，有時候，一定要有相咬之事無疑。這恰好可使想到是和常在靜靜地過活着的春天之鹿相同，到了交尾期，牡性之間便要惹起猛烈的爭鬬。

八　歌謠與舞踊

由於這種競爭，人的技術便在各種方面發達起來；但是使得到極顯著之結果的乃是歌謠與舞踊。在男性的舞踊之中，竟有能表現出本來的力量之狩獵舞。它伴着歌詞，而把意欲獲得吃則美味的肉，穿則華麗的獸皮，若施以細工則能造出美麗之裝飾品的長着角的動物之心，不絕地唱着表現出來。他那歌唱，誘起了聽到它的人們的食慾，美感；竟使激烈地顫抖着而走出來。有時候竟混在一起，使跳着舞，使唱着歌。雖然本來是簡單的舞蹈，但却用手脚敲着拍子，多半是模做着獅子，虎，鹿，猿，熊等動物的動作；偶而也有模擬着蛙，蛇，龜之動作的時候。其幼稚底動作若做得逼眞，在聽着的女性們便要迷戀地讚美着，其中竟有高聲呼喊的。

因爲這樣，所以歌謠及舞蹈乃是爲了吸引異性而發達的；和雄蟬的叫，雄蟲的嗁，乃是一樣的性質。也有說是具有一種遊戲本能，是它使人跳，使人唱的。如果這樣，則不但男性要有，而女性也是要有；然而原始歌謠原始舞蹈，多半是男性的專有，雖然有許多技術是由女性造出來的，但是歌舞却是由於男性之所造就，女性與此並不相干。即在這一點上觀察，也不能否認這兩種藝術是由於吸引異性之目的而發生的。

美貌且完整的男性，竟這樣選出美貌且完整的女性來做配偶；因而，年老的，雖年青而醜陋的，雖美麗而衰弱的兩性，便要不易得到這種匹配。完全配完全的，不完全配不完全的，因而不完全者的子孫便要夭亡，只留下了全完者的子孫；如是，人們便要漸漸地獲得了理想底體格和精神。學者曾把它叫做雌雄淘汰。

有一派學者之中，想像着原始的結婚狀態，說是曾有過亂婚時代；並且還說往往曾像動物似的亂婚不一。然而動物却意外地有禮貌，雌雄之間較比純潔，內中竟有一夫一妻者，乃是人所充分知道的。由此觀之，即便是人，但也沒有男子竟與任何女子配合，女子竟與任何男子配合之理。

然而雖這樣說，但我並非是說人從最初便是單婚。人類社會最初所實行的結婚乃是所謂『群婚』；雖然是說同群裡的男性和女性結婚，但只不過是說在其同群裡的異性之間都有可婚權，並非是不分彼此之別而結婚的。亂婚索性是由後世所出現；原始時代，好像到反是實行着較為善美的結婚似的。如果不然，想人類決不能進化到如今這種狀態。

九　一時底家庭

既然若有配偶，因而非生孩子不可。這配偶雖然是所謂季節配偶，雖然不過是一時底結婚，但也當然要生孩子。

竟連卵生的鳥，一經孵化之後，還得雄鳥和雌鳥暫且先輪流着把食物運到巢裡，哺育着牠那雛兒；何況人從出生到能行走，須要非常長的年月，因而其扶養期間也要很長。產後婦女，多半是在岩壁之下，或在大樹之下等處休息，想必是要在那裡用奶汁來哺育她的嬰兒。當同群裡的人們爲要獲得些食物，出去狩獵捕魚，離開她那穴巢而到附近的森林裡去之間，想一定要有大驚來將她那孩子抓去的時候；一定要有大蛇來捲上一二十層，由其頭部吸血而去，或被猛獸銜去的時候。在這種時候，母親定要哭嚎着，一兩天裡竟能忘食忘寢；男性的群，也定要對此悲痛着，好久像是失掉了靈魂一般。

由於這種意外的發生，竟使人痛感到住處的必要。直到這時候，另外並沒有所謂住處；乃是在石穴或崖下，或在大樹之下以及森林之中橫下各自的身體而暫時底棲息着。但崖下乃是危險，石穴也有猛獸的襲來；因此，雖然也想到了登上大樹，在樹枝與樹枝之間做成架子而在那裡過夜，但這也似乎是不方便；如是，便實行在石穴上立起了石塊等。洞穴時代乃是這樣所發生的。

及至將某一個固定地點選爲夜裡的休息地時，群裡的人員便不能全都收容在那裡，因而則只好在其附近找到同樣的地點而去休息了。造成了這種穴巢，最方便的乃是撫養孩子。一日之中母親能在這裡渡過若干時間，其間乃是和孩子一起生活。產婦的産褥期間本來並不像如今這樣的長，想必是在分娩之後即刻便能立起動作。然若生下雙兒或三兒或在難產的時候，想定要留在巢裡，在痛苦中而哺乳於其嬰兒；群裡的人們，定要輪流着向其妻子搬運食物而不怠慢地扶養於她。這樣所發生的便是一時底家庭，這的確是如今之完善家庭的起始。

隨着一時底家庭之出現，便油然而湧起了母親爲要哺育孩子的耐苦心和父親爲要援護妻子的勇氣。這種耐苦，這種勇氣，竟使男女兩性之心底分化濃厚起來；如是，遂發生了父性與母性。

一〇 近親結婚

那時候雖然也有親與子的區別，但却沒有兄妹的區別。並且，和母親同輩者都是母親，和父親同輩者都是父親；所以被撫養者雖然知道母親，但父親一律都是父親，誰是自己眞正的父親，並沒有去議論的必要。孩子群，都是兄弟姊妹，並沒有甲的孩子和乙的孩子之區別。恰好和犬相同似的，只在哺育期間能分辨出親與子，但是略爲大些，便要忘掉了這種關係。

這種自然所造成的原始集團，都曾具有着血屬關係。這種集團，雖然是分出年紀相當的男女兩性便行結婚，但却不曾亂婚；乃是像前面業已述過那樣，是從群裡選着美貌且完整的男性而行一時底結婚。

因爲這樣，所以在這種時代的母子結婚乃屬於平常，父女結婚也不爲稀奇，姊弟兄妹的結婚也不算奇怪。母親所最常看的臉並不是父親的臉，而是自己所生下的孩子的臉；竟有當着一邊兒餵奶一邊兒不住地熟視着自己的孩子的臉，而得意到昏昏入睡的時候。並且，孩子被抱在溫柔的懷裡，嚥嚥地吸着奶汁，及至眼睛漸漸能看見的時候，最初所看見的人臉便是母親。及至能看見那臉，他便要能吸到甜美的奶汁，感觸到柔軟的肌膚了。他以爲母親是至上的，雖然父親無論怎樣的援護，但他却以爲不算什麼。他在這個世界之中最初所眷戀着的便是母親；並且因爲他那眷戀直繼續在哺育期裡，所以由母親看來，和短時間曾被愛過的丈夫相比，孩子對自己的愛乃爲最長。如是，母親對孩子的慈愛心和孩子對母親的眷戀心便生出了萌芽，而一天一天地濃厚起來；及至孩子有了性底能力時，因之便發生出母子的戀愛關係。照理來想也可以知道，母子結婚無論如何也非是在極早不可。

母親對於孩子與以性愛之事，的確是父親群所嫉妒的。由於這種嫉妒心，不知多嗜竟在人類的社會裡造出了禁止母子婚的答布(Taboo)。被禁止了追求於母親的孩子，尋求着和母親最親近的而獲得了姊妹；這就是姊弟婚，兄妹婚。及至兄妹姊弟婚亦被答布，女性竟戀起伯叔父，男性竟戀起伯叔母；於是，便成立了伯叔甥姪婚。歐洲竟連最後者也曾早被禁止，但是日本直到明治維新，伯叔和甥姪的近親結婚往往尙能發現；即在歷史時代，也能發現出許多兄妹婚；在『祝詞』以前，竟連母子婚好像也不曾禁止似的。

由於這種近親結婚所構成的社會，謂之血族社會。我以爲血族社會乃是人類所營爲的最初的社會，乃是隨從於先行社會之後的狀態。單只相愛的血族，如果再加上性底吸力，當然更要相愛的了。竟這樣地湧起了家族愛，由此又生出了隣人愛；所以『四海同胞』之世界底愛情，不妨可以說的確是這血族社會之所賜。

一　母權之發生

當經營着一時底家庭的期間裡，對於其家庭中的支配當然非歸於母親之手不可。一時底家庭之根本構成要素乃是母親和孩子，父親只不過是附從的要素而已；所以支配於宅的當然非是母親不可。

及至由一時底家庭進化到永久底家庭出現之後，母親的支配權仍舊還繼續着而來到了所謂『母權時代』。學者之中，竟有否認母權時代之存在的；然而若由我們來觀察，對於宅的存在乃不能否認。只以日本引例也可以知道，在諸神之中最尊貴的乃是女神，這女神乃與自然物中力量最大的太陽相一致。並且由繼承之點觀察，竟有崇拜女神爲祖神之氏族；可知其系統乃是由母親所傳下來的。

試由言語上來考察，例如『メヲト』『イモセ』，也是往往把女性先於男性。先生出表示母親的意思的『オモ』之語，然後知道了父親，纔發生出把具有男性的意思的『チ』重複起來的『チチ』。『オモ』因爲是垂着乳房，所以又把她叫做『タラチネ』；『ネ』是和『アネ』的『ネ』相同，乃是具有親密意思者的總稱；但若轉用於父親，則叫做『タラチメ』『タラチヲ』。垂着乳房的女子雖爲合理，垂着乳房的男子却不合理；雖不合理，但在歷史底方面因母性先於父性，所以這種名稱乃是一般所公認的。

由埃及美索不達米亞（Mesopotamia），俄領土耳其斯坦那種人類文化進步極早的地方，曾發掘出叫做『瑪』（Ma）和『那那』（Nana）的土偶；它乃是凸着乳房而臀部和腹部肥大的女性像；乃是爲了崇拜母性所做的偶像。並且在歐洲舊石器時代之遺跡，又曾發現出叫做『維那斯』像（Venvs）的東西；此像乃是較『那那』像更露骨地表現出凸起的兩個乳房和腹部，臀部肥大的母性像；可使想到這分明是爲求繁殖的呪符。這種姿勢，是否是只由於想像所產生，或是眞實的表現，乃是疑問；但是，具有幾乎與此完全相同之體格的人種，如今仍在南亞非利加之一地點而居住着。其人種當然是黑人種，種族名叫做霍屯督（Hottentots）。並且又在歐洲的格利馬爾提（Grimaldi）之洞窟中，曾發現出與此類似的骨格化石；故所謂『維那斯』像，不妨可認爲是舊石器時代之婦女的寫實彫刻了。

如是觀之，可知道由那時候直繼續到新石器時代，人類世界最大的慾求竟是想要多去產生孩子。因而，所謂須要產生，須要繁殖的生生繁殖主義，乃是過去數十萬年間之人類社會生活的根本思想；由此，又生出了如今的科學，哲學，宗教，道德，經濟。這種母性崇拜，如今竟變成了單純的道德底母性讚仰而殘留着。

我們從下面漸次地去尋求由宗教所發生的各種學問與技術之漸漸發展的路經，要想探知人類文化之發生及其伸展。

一二 護符之出現

舊石器時代，曾由考古學者分出許多文化階段。其中被稱爲馬格達連尼安時代（Magdalenien Period）左右的人體化石，已在叫做勞塞里・巴斯之地點發現。學者們雖然將這化石呼爲 Lhomme Ecrase——即『碎人』，其實却是格外完全的骨骼；是屈着兩腕托其頰部，屈着雙膝而横臥着。這乃叫做屈葬，是在死後不久屈骨而葬的。這屈葬又叫着胎兒型，是做着胎兒在胎裡的姿勢；可想像到必是因爲人是做爲嬰兒而生，所以死後也要復原於嬰兒無疑，因而便以爲應當把死人做成胎兒的姿勢而葬。

在這骨骼的足前，膝頭，腿，腕部，左右各會放着兩個子安貝。此貝因地中海並不出產，所以非認爲是把在紅海或印度洋所採來的東西由於物物交換而輸入到西歐的山裡不可。如果這樣，便要生出古時曾經行過一種貿易的結論。曾經行過貿易也算値得驚異。並且由於子安貝曾端端正正地放在骨旁觀之，可知道是曾把它用繩吊起，或是用線縫上，使它不離身體而持帶着。何以要使它不離身體而持帶着？這乃是疑問。

因爲是在不會留下任何文字的時代，所以當然又不會留下因何目的而佩帶着子安貝的記錄。在這種時候，因爲有調査在現代的野蠻人及文明人之間所殘留的過去的信仰與習慣的學問之所謂土俗學在；由於它來比較研究，便可得到大致的情形。由此來窺究野蠻人的裝束品，子安貝自然是不用說，此外曾把各種介殼，玉石，獸牙，獸爪，眞珠，以及各種物件用繩穿起，或是縫在帶子上而持帶於身邊。這並非只爲裝飾，乃以爲是帶着它們便能免去猛獸的危害，不遭病災，能招來幸運，能多生孩子；也就是把介殼，獸爪，獸牙，獸角，曾做爲護符之用。如是，則又生出因何而發生出護符的問題來。

原始人的心裡，因爲熊能用爪抓敵以保全自己，鹿能用角撞敵以衛護自身，故以爲爪和角，乃是具有保護力的東西；具有保護力的爪和角，即便是和鹿離開，以爲它們仍舊要有保護力，所以人若帶它，由此竟能保護於人。這叫做接觸呪，乃是根據着和具有威力者曾接觸過一次的東西，即便與其離開也能持有原有的威力之原理的呪術（Magic）。但是如今竟把這種事情忘掉，只不過做了無意義的裝飾而佩帶着爪和牙了。

一三　多產的護符

日本的女孩子們，竟連如今仍有把子安貝帶在腰間的。若到志摩的鳥羽以及伊勢的二見浦，土產品的舖子裡便賣着鑽上了孔而穿着細繩的子安貝。若問：『帶它有什麽用？』，舖子裡的人卽刻便會答着：『不遭水淹。因爲來洗海水澡是有危險的，所以小孩子們都用它來做爲呪符而佩帶着。』等的囘答。葫蘆因有浮力，所以若帶着它便不能遭水淹尙可相信，並沒有帶着能沈入水中的子安貝也能做爲避免水難的護符之理；這乃是忘掉了本來的意義。南洋的土人們，曾把子安貝縫在腰帶子上，或是吊掛起來，尤其是把大且美麗的子安貝吊掛在陰部之前；這不用說，當然是具有帶着它便能多生孩子的信仰。這種道理，是從那裡所發生的？

原始人乃以爲產生孩子是一件奇妙的事，不知是在什麼時候女人的腹部會大起來，不久竟能生出孩子。以爲女人是具有異常的力量，女人的產官具有令人驚異的作用；只因爲這個，纔把女人的產官當做了能夠向人賦與着生命的『救命主』而崇拜起來。那時候，爪，角，牙等雖已曾被做爲護符之用，但女人的產官却不能做爲護符而佩帶；所以便去物色和它類似的東西，結果發覺了子安貝最爲類似，因而竟把子安貝做了多產的護符。

在面接於印度洋的地點，或是沿着紅海的地方以及太平洋岸，子安貝雖較易於獲得，但在山裡以及森林之中的住民却是不易得到它的。例如在地中海沿岸沒有子安貝的地方之古代民衆們，由於性質相同的東西雖然形狀相異也能發生同樣之効果的信仰，竟將其他的介殼佩帶於腰間以做多產的護符。

因有一種卷貝，叫做Spidershell，可譯做蜘蛛貝的長着七隻角的貝，所以便用它來做了多產的護符。然而此貝因長着角，所以不是擁着身體便是折其自身；不但做裝飾品是不適當，並且若到別的地方並不產它，因而便物色和它相類似的東西，結果得到了章魚。章魚有八隻腿，恰好形似蜘蛛貝，如是，竟把章魚做了護符。這乃是根據在雖然性質相異但若形狀相同則能發生同一效果之理由上的。

並且，在沒有章魚的地方，又把飯蛸（望潮）以及烏賊做了護符。希臘古代之貨幣上，曾現有章魚的圖形；墨西哥的古石板上，曾彫刻着章魚形狀的原因，本來定是爲求多產的呪術無疑。既然若承認雖然性質相異但是形狀若同便要發生同一效果之原理，因而若將物件造成相似的形狀，則能得到和眞物相同的効果；所以在埃及以及中國，竟曾造出模做品來。

一四 開始知道了黃金的價值

埃及的薩哈拉沙漠(Sahara desert)裡，從早便有閃閃放光的東西混在沙裡。雖然是誰都曾看見被日光映射而燦爛地放着光芒，但只不過以爲是甚麼東西在放光的程度之外竟連理也不去理它。然而某一位有天才的人，却曾把它搜集起許多，或槌或打之間，那些細粒竟凝到一起，不但比各自分開時更加美觀，並且又知道了若去撚弄而能造出所想像的形狀。他把當時最受崇拜且曾做爲護符而信仰的子安貝的形狀，用它試造出來。雖只顏色相異，但形狀却不差分毫；不但如此，並且還具有光澤，實在美觀。因而便把它送給了自己所愛的女人，那女人把它掛在腰間，閃閃放光而惹起了他人的注目；結果，纔開始認識了沙漠裡閃閃放光的東西的價值。

當時，埃及是否會用過角，骨，玉類，做爲子安貝的代用而製造出子安貝的做造品？及至用黃金造出做造品之後，是否曾用過別的東西造出代用品？這雖不能徹底的知道，但是無論如何子安貝也是多產的護符，任何人的必需品。與海遠離的山中等處，因不易獲得而其價値更被看重的地方，因爲造出了和子安貝具有同一効果的黃金做造品，所以竟受任何人所歡迎；不久，竟至於把它造出了許多。

對於至今不曾理會之沙漠中的黃金開始生出經濟底價値，乃是由於如上之理由。自從這時候以來，竟至於卽便不把黃金造出子安貝的形狀而做裝束品等之用，也以爲是有價値了。

中國也和埃及一樣，起初雖曾用過叫做烏貝（蚌）的淡水產的介殼來做造子安貝，但以後竟用石造，玉造；到了金屬時代，又曾用過靑銅製造而施以鍍金。靑銅的價値也必定是由此而被承認，玉石之類也必定是因此而發揮出它的價値來。

這種信仰，雖不瞭然是從多喈，但大約是在數千年前傳入日本，因而竟生出了女孩子把子安貝帶在腰間的習慣。或許要有人說這是現在的事，古時候並沒有這種習慣；然而我最近在三重縣津市的四天王寺裡曾看見從藥師如來的聖像裡所發見的兩個大形子安貝；這藥師如來的聖像，乃是平安時代所造，因而可知在那時候便曾用過子安貝以做多產的護符。如今日本之所以有產婦若握子安貝則能安產的信仰，乃是由多產的呪術而變形為安產的呪術。這種信仰，從舊石器時代便已存在之事乃是値得驚訝的。

一五 生生繁殖主義

多產的護符何以要這樣盛行？不用說，這當然是因為當時的人類曾被如何能使人口增加之一念所驅使。如今雖然曾盛行過要去極力減少人口以節省廚房費用的運動，但在太古凡是所能望見的山野海邊，都是人影稀薄，且有猛獸鷙鳥居於其間，常常曾將自己們的同類殺掉或拖去；因而，不安與恐怖竟常塞於古代人之胸間。常太陽落去，黑暗遮蔽了四方，便要聽到猛獸在遠方吼叫，鷙鳥在空中鼓翼；自己的茅屋周圍，竟連動物在窺視食物的形狀也曾現了出來。不但如此，有時仰望天空，閃閃地煇煌着星影，使以爲是像要把自己們拖到深邃無底的蒼天去一般。下弦之月，從雲隙裡窺視，好像在表示着要把人們導向死路的豫兆似的。

原始人除去現在之外並沒有別的；過去的一切都被忘掉，未來的一切並不曾作想。他們只熱烈地希望着現在能幸福地生存，將其極貴重的生命，使盡量地繼續到永久。然而顧視周圍，那些猛獸，鷙鳥，星影，弦月，黑暗等東西，竟像是要將其極貴重的生命奪去。有時候，狂風大作，樹斷石飛，竟連自己們以爲是和平之城的茅屋也被吹壞。空中閃閃放光，繼而當着雷聲隆隆之間，自己們的同類忽然變爲焦黑而死，雖曾如何呼喚，但他也不再呼吸了。他是已經失去了『風』，『風』便是生命，當『風』由身體裡出入之間，人的生命便在脈動，但是它若停止，他的肌色則要變成青色，嘴唇變成紫色，瞳子失去了光澤而閉上了眼瞼；這乃是常事。在這種時候，他們竟被嚇得打戰，沒有一個人敢去靠近他的身旁。

如是，在原始人之間便湧起了對於星，月，風，閃的恐怖心來。既湧起了恐怖心，則非生出意欲解除它的希望不可。並且，究起這種恐怖心的由來，乃是因爲他們所慾求的生命能被這些東西奪去的緣故。

他們一定是孤獨不堪，纔想出了意欲免去所恐怖的各種事件。並且，當這種孤獨和恐怖襲來的時候，能來安慰自己，勉勵自己，幫助自己的，乃是和自己由血液所分開的人類。如是，怎樣能使女人的產官盡量多去賦與生命於人的慾求竟愈加深刻起來；因比便帶起子安貝的護符，以祝產生與繁殖。原始人所具有的哲學概念，只不過是這『去產生！去繁殖！』的祝語；我們曾把它命名爲 Fertilism——即生生繁殖主義。

一六　生死之爭

嘗見日本的神話，也可以知道這生生繁殖主義的思想在古代日本人的腦海中是曾怎樣的占據着。處於悲歎和苦悶中的男神伊弉諾尊在慈愛的女神伊弉册尊之先，回想起自己們曾由於二人協同經營等事，竟從不堪於獨居的寂寞之地，由遠處到『黃泉之國』來訪女神。女神雖不願將已極其改變了的容貌被其所愛的丈夫看見，但男神却非要設法相會不可；如是便侵犯了答布而觀看女神的形態時，竟由女神那曾美麗過的身體裡，蠕蠕地爬出蛆蟲；在其頭，腹，足，手上，都發出雷聲般的響音而蠕動起來。

女神的這種狀態被男神偷看，說是汚辱了自己，便憤怒起來；從前曾親睦過的二神之間，竟起了爭抗。女神所說的是：『要將你那地方的人每天殺掉一千！』；男神對此回答的是：『那麼我每天要造出一千五百個產房！』

；因此，人的數目便要增加五百。古代日本人曾把它叫做『天之益人』，以爲是人口自然增加的理由。

這段神話，也可以認爲是生死之爭的寓意化。伊弉諾尊是代表生，伊弉冊尊是代表死；這段神話的重點乃在於生能超過於死。在這段神話裡，能表現出日本的古代思想。然而這種生生繁殖主義的思想，並非只是日本人之所有；無論何處的原始人，也都是這樣的希望着，這樣的信仰着，所以無論是到何處，都是帶着子安貝的護符。

由於這種願生厭死，竟生出了人類之知識進步的原動力。對於病，死，以及能使它們來到的一切災禍之所以懷着深邃的恐怖心，結局乃是因爲要想免去它們的這種願望竟示出了無効似的豫兆的緣故。

如是，原始人便籌思出攘除災禍的方策；也是像爲使招來多產而用Magic——呪術那樣，爲使免去災禍，也用着Magic。Magic結局不過是生存着的人類對於能將自己們的生命奪去的死，以及能使死亡的病所持有的反抗態度而已。這種反抗態度，竟造成了爲使人類由老，病，死，三者之中免除的科學研究之基礎。

一七　生命觀與精靈觀

及至日落天黑，星兒開始在東空中閃閃放光，小孩子望着它，便要喊叫着說：『喂！喂！星兒喲！你爲何要這樣的眏眼呢？』。五月之雨方晴，昇起的月影常要隱於雲間，小孩子們便要焦急地喊着：『明月喲！快些出來吧！你爲何要藏起來呢？』等語。這樣的喊，這樣的叫，因爲小孩子曾把星，月，信以爲是和自己相同的同類——活物的緣故。人之一生，乃是在反覆着從人類發生以來直到如今的系統進化史；原始人好像是我們的孩子，他們對於周圍的一切都以爲是活着，不但活着，並且還信以爲是曾構成着和自己們相同的社會，因而，竟對它們好像朋友似的招呼着，或談着話。

溪水向岸上的小草以及岩角低聲私語，不分晝夜地潺潺流去。樹葉因風微動，草原喃喃地互相呫囁起來。岩因生苔而大，泥土逐年增加。風呼，雷響，雨淋，雪覆；在原始人面前所展開的一切自然物和自然現象，無論如何也不曾以爲是死的；乃以爲都是和自己們一樣的活看，一樣的有兄弟姊妹，一樣的構成着社會。並且動植物等，雖然彼此有些互相類似，但又多少有些相異之點；這乃是和人類極其相做。他們並不以爲它是和自己們沒有關係的東西。

這種思想，乃是人類學者和宗教學者所說的 Animatism，卽『有生觀』。宗教的確是由這種觀念爲基礎。

然而，及至思想又進一步，竟開始以爲一切東西不但活看，並且各都具有着精靈。這種精靈觀念的基礎，若據泰婁(E. B. Tylor)這位人類學者的主見，說是由於夢，睡眠，出神，陰影，幻覺等所經驗來的。自己分明是在這裡睡着，但夢却去到遠處，看見了自己所想念的人，和他談話，或在一起吃着食物等事，原始人非以爲是奇怪不可。如是，便加上了人有一種靈魂，它若脫開人的身體，自己所願意的地方無論那裡都能去到的解釋。這種解釋，竟又發展到其他的物體上，便造成一切東西都有精靈的觀念。這就是所說的 Animism，即『有靈觀』。

精靈有怎樣的形狀？雖然原始人對於這個的回答不同，但大概好像以爲它是氣體底東西。日本曾有一句關於幽靈的話說：無論怎樣砍去，但也碰不上刀刃；這都是以爲幽靈是氣體底東西的證據。又有某畫家畫人的臨終，由其身體裡拙連着一股像綫似的細綫，上部曾表現出像球似的膨脹起來；這分明是表示着人的靈魂，也是把人的靈魂認爲是氣體底東西。如果精靈是氣體底東西，對它當然不能以爲是有形，所以起初一定是以爲不曾有什麼一定的形狀。觀察住在西比利亞的通古斯族(Tungus)和奇利押族的原始信仰，也都認爲是有精靈。這種精靈，乃由於種族之相異而其概念不同；奇利押族竟以爲在物體上也曾宿藏着它，並且又以爲其本身便是一種東西；乃是和日本的『

ヌシ』一樣，把山上的叫做『怕爾』，把海裡的叫做『逃爾』。雖然人也仍要有它，但有的多便要聰明，有的少便要愚昧。以為富者是有兩個，巫士是有四個。堪察加（Kamchatka）土人，以為天地間滿都是精靈，有善的，也有惡的；即認為是有善靈和惡靈兩種。善靈能給人帶來幸福，惡靈能給人帶來災患。譬如病，是被病靈纏住；死，是被死靈纏住。因而欲要免除病，死，非用比病靈死靈更強大之精靈的力量來把它們趕去不可；所以竟至於由具有許多精靈的巫士，用具有許多精靈的物體來施行呪術。

一八　呪術的種類

呪術有兩種：一種是用行為來驅逐惡靈的，叫做術呪；一種是用言語意欲招來所希望的，叫做語呪。無論是那一種，都被以為是能將人們自己之所要求用此術招來。日本的神道，以楊桐葉拂擊周圍，便是意欲驅逐在那裡充滿的惡靈。古事記上曾記載着天稚彥用『天之波士弓』來射鳴女的矢及至到了天上，高木神竟將其矢向下界射下說：『矢呀！如果天稚彥是依從天神的命令而射暴虐之神時，你便不要向天稚彥射中。如果若有邪心，天稚彥！你便死於此矢吧！』的一段話。這段話，便是一種語呪，若能依照這話的原句，便要以爲可信。

原始人竟這樣的籌劃出種種術呪，並且又計劃出各種語呪。因久旱而發愁的時候，便向頭上澆水，這樣以求下雨；如今的乞雨等，便是由此所留下的。愁着打不着獵的時候，便裝出捕得了熊的動作而狂舞着，這樣以祝得獵；狩獵舞等便是這個的餘風。關於呪術，都是這樣的模倣着所求者的姿勢，形狀，現象；因而學者把它叫做模倣呪，也就是由於所謂類似生類似的原理所想出來的。

當走進峻山深谷以及蒙蒙的茂林裡時，便要把鹿角頂在頭上，或將熊爪以及猪牙帶在頸上。這乃是在山谷森林之中爲要不使猛獸鷙鳥，以及山靈，谷靈，森林裡的惡靈纏住的呪符；因爲是相信着前述之保護力而所發生的。但這也是由於一旦曾與其他强大的物體接觸過的東西，即便和它離開之後，仍舊要有和以前相同的力量之原理所想出來的；所以學者曾把它叫做接觸呪，乃是已經說過。

驅逐病患的呪術，想必是有各種方法。肌肉腐爛時，便要貼以蒲穗；發癢時，便要用車前草的葉子揉擦；頭痛時，竟將圓石放在額上；傷口曾以金絲梅和油混起塗抹；由於地方和病症的不同，而各施以相異的呪術，意欲由此以驅逐使發生各種傷病的惡魔。如今的醫學，治病科學，便是由於這種呪術之所發生；所以也可以把醫學視爲呪術之後裔。

因爲相信死靈多半是附著在死者的身體裡而不肯離開和他相近的遺族，所以有的種族竟對屍體設定出答布，而制定出不可接近不可觸動的規定。因而，人若死去，其遺族便要離開他那死去的地點，非到其他地點尋求住處不可。古時歷代之遷都等，或許便是由於這種迷信的結果。又因死靈往往能由屍體裡脫出，而來追趕他的遺族；故而當其死後，立刻要折其手骨和脚骨，使它們不能行走，這便是前述的屈葬。並且又有像西比利亞民族那樣，將屍體葬過之後，在歸途中放上一棵極大的樹木，以防死靈的追來。實行得極多的，乃是在屍體上放着無數的小石，以防死靈脫出的方法。由這種方法所造成的最初的墳墓便是Cairn，即所謂積石塚。

一九 埋葬之發達

當由於Cairn以防死靈的脫出之先，想一定曾實行用獸革或樹皮將屍體裹起，埋在淺堀的地裡無疑。中國身臨戰場的勇士，曾將決心於死之事謂之『馬革裹屍』，其由來乃在於這種埋葬之法。這種埋葬，雖然某學者說想必是以防護屍體爲主要目的；但原始人對於死者持以同情之事乃所稀有，所以鄭重地去處置屍體的觀念一定要發生得極晚。

由這種怕鬼思想，因Cairn仍不完善，故而竟計劃出以巨石造成石槨；或又造成石棺；或又實行裝入甕中，以石塊蓋於其上；或又裝入木棺，上面堆上了土。古時的墳墓，大致都是有着土堆；土堆有圓的，長的，方的，兩層圓的，方形和圓形相結合的。無論那一種，最初的本來目的都是把死者嚴密地埋在土裡，以防死靈從那裡脫逃出來。

若把許多長大且笨重的石料由遠處搬來而用它來造墳墓，因爲是須要許多的時間與勞力，所以除非是特別有權力者外，乃是難以實行這種埋葬的。不但如此，並且對於精靈思想漸爲近步，竟以爲死是人的靈魂一時離開肉體所發生的現象；所以那離開的靈魂如若回到肉體裡來，死人便會變成像元來的活人，呼吸着氣息，鼓動着脈搏，臉色褪去了青色而呈現出紅色，會變成紫色的脣，便要湧起紅潤；結果，埋葬之目的竟爲之一變，也就是以爲墳墓乃是死者直到靈魂歸來的暫且一時的住處，所以要去極力保護屍體，而生出了非使他不失掉生前的狀態不可之思想來。於是便改變了從前的埋葬法，竟將石槨穿上了孔，以便靈魂的出入。

另一方面，火葬竟漸爲發達起來。爲使靈魂早早離開屍體，而使死者回到本來的故鄉，以爲把肉體燒掉乃是捷徑；結果在歐洲等處，從早便曾實行了火葬。在這種時候，竟失去了須要消耗時間與勞力而去製造大石槨之必要；乃行以小石做成 Cist — 石櫃，並且，又曾計劃着造出 Coffin — 石棺以代石櫃。如是，埋葬竟漸爲簡單起來。如今東西諸國，仍殘留着遺族到墓穴裡去投一握土，或將一握小石散布在墓地上的習慣；這乃是我們現代人卽到現在仍不曾把古代思想完全脫掉的證據。

二〇 宴會與饑饉之交替

既然無論如何非要生存不可，因而雖然是古代人當然也不能不去工作。無論人口怎樣稀簿，食料怎樣豐富，但也不能不勞而獲；所以索求食物乃是最爲緊要的工作，是和如今並無大差。

在人類文化之最初階段，因爲幾乎是沒有所謂器具，所以便將易於獲得的東西做爲食料。試觀如今仍舊持有近於舊石器時代之生活狀態的澳洲土人，他們是時常吃着有袋類的動物；一切的鳥類更勿須說，竟連鰻鱺，魚，蝙蝠，蛙，蛇，以及昆蟲類也都要吃。並且蓬哥·內革羅(Bongo Negroes)和多爾·內革羅(Dor Negroes)竟吃鼠，蛇，臭鳶(Carrion Kites)；連蠍，蟻，蝶類的幼蟲，也要不知飢飽地貪食着。

由這些地方看來，原始人一定要捕食這些小動物，而用堅果或漿果來做副食物無疑。開始捕食馬，牛，羊，鹿，猪等大動物，想必是從石器，尤其是從發明出石鏃而開始利用弓矢的以後。及至人口漸漸增加，而不能以小動物來支持全體的生命時，便要振起勇氣，注目到大動物上去。然而，弓矢總是不完善的東西，當然不能百發百中，不，多半是不中，因而鳥獸多有逃去的時候。如果僥倖殺掉一隻大鹿，幾個同血族的人們便要把牠圍起，用剝皮具來剝去了皮，用石斧劈開其肉，用石刀把牠切成碎塊，就生而貪食起來。因爲是吃到胃口已經推辭而不能再多收容的程度，所以不久睡魔便來攻襲着他們，他們便捧着膨大的腹部，就此竟在那裡睡去。睡眠幫助了消化，及至他們由夢裡醒來，雖然仍又貪食着殘肉，但是將牠吃完之後，竟有一兩天裡得不到食物的時候。雖然能雖手吃着似乎可吃的東西，忍過暫時的饑餓，但是繼續着兩三天打不着獵，出獵的人若不回來，家族們便要抱着空腹，一刻一刻地在盼望着他——尤其是所獵獲的東西之到來。因而，學者曾把這種時代之食料的需要與供給，曾以『宴會與饑饉之交替』的名言而形容出來。

二一　烹調之黎明

那時候的烹調是很簡單，只是就生吞食，即生食。當然是從極早便知道了火，但若用它一個一個的燒烤食物，因爲麻煩，所以並不曾輕易便實行火食。如今，在我們之間仍舊還殘留着生食的習慣，例如生魚片，便是其中的一種；並且住在北極的挨斯基摩族(Eskimos)，竟連現在仍舊還以生食爲主。

火食的起始是由多嗜？宅是因何而發生？這雖然是不明，但想必是在某種時機，似乎是試嘗過偶然被火燒過的肉而知道了其味較比生的香甜得多，恐怕這就是烹調的起始。像那和查爾兹·拉姆(Charles Lamb)之燒猪肉的故事類似的事情，想必定是當眞要有。起初的烹調是烤，乃是把掭在樹枝上的獸肉——假如是鹿，便要劈下一隻鹿腿——放在焚燒着的火上反覆地燻烤，把宅帶着骨頭便吃起來。例如煮的方法，乃是極晚所計劃出來的；起初的主要方法乃是燒烤，因爲煮必須要用器具，所以當沒有土器的時代，即便想煮也是無法去煮。

由於長期間的經驗，一定要使原始人生起意欲免除宴會之後將所來到的饑饉之苦的慾望。因而由於這種慾望，致使馴養動物，栽培植物，以至於一年之中總能過着不斷食物的生活。某學者曾將這種獵取自然所供給的動植物而支持日常生活的時代，由於經濟底觀點，命名爲食物採取時代。食物採取時代，乃是舊石器時代之生活相的特徵；由於牧畜與農耕使產生食物的時代之出現，乃是在極晚的新石器時代。

以下，我要敘說新石器時代相，試將土器的發明，牧畜的發明，農業的發明等，使人類文化急遽地躍進，以至於使其生活改善得極快的過程說明一下。

二二 食物之貯藏

如若屢遭饑饉，則無論任何原始民衆，也定要有使這種困苦不再反覆的慾求。這種消極底慾求，這種積極底願望，竟在人類的社會裡惹起了兩種事件：一個是把餘剩的食物貯藏起來，另一個是製造收容貯藏食物的器物。

食物的貯藏是從多嗜而起，並不十分瞭然；但是由於各種證據，學者們乃持有以爲宅是從極早，幾乎是從人類社會之初頭的主見。常被引例的便是住在美洲的挨斯基摩族；他們是在雪中造成小屋而居住的原始民族，是把海獸，譬如海猪肉等放在掘成的深雪坑裡保存，使凍成極硬的肉。他們是應其所要，用石斧來砍而食之。把魚以及其他的脂肪，貯藏在雪坑裡，冬天爲要禦防寒冷，將宅塗抹在皮膚上。由這種貯藏法來考察，可想像到在過去的舊石器時代，便早已實行了食料的貯藏。

誰都知道的是『伯勞的犧牲』。此鳥遇到麻雀便要模擬着麻雀的叫聲，來了鶺鳥便模擬着鶺鳥的叫聲來向那些鳥們靠近而捕食牠們，把剩下的掛在枝上，打算饑餓時再回來吃。但是，因爲記憶力薄弱，竟忘記了放置的地點，而使鳥的殘肉，仍舊掛在枝上被太陽晒着。我們把宅叫做『伯勞的犧牲』。這乃是伯勞有將餘剩的食物貯放起來之意圖的證據。螞蟻是在夏季裡去積蓄一年中的食物，這是較伯勞更爲顯明的食物貯藏之證據。

竟連人所飼養的犬，若有餘剩下的食物，也有在地上掘出坑來把宅藏起，想起來，便又抓出吃的。因爲昆蟲，鳥類，哺乳類，都能這樣貯藏食物，所以人類多半也一定是從人和猿由共同祖先分岐出人類的當初，便曾有過這種行爲；但開始有意的實行，豈不是從舊石器時代的末葉？

二三　最初的容器

現在有一件須要注意的事，乃是水的貯藏。原始人因爲渴纔生起飲水的慾望，生起這種慾望之後纔到有水的地點去。所以原始人的暫居地，大概是在湧出着泉水的近處，或在沿着河流的地方。然而想一想看，說句無關緊要的話，假如把水始終地貯放在暫居的地點，想喝則多喈都能進入咽喉；一定是因此而計劃出藏水的方法。

原始人屢曾看見裂開的葫蘆裡存着雨水，又曾看見凹陷着的石頭盛滿了露。想必是常常看見這些東西，纔知道了凹陷的東西能盛液體，因而便把葫蘆取來，在其一部弄開了孔，從那裡把水注入內部，把宅搬進自己們的穴巢裡去。想必是又曾把水收容在有節的竹筒裡，或是凹陷的石塊裡的。想必是也有把動物的血液放在裡面的時候。這些東西便是人類最初的容器；這些東西的使用，的確在食料以及飲料的保存和貯藏上生出了頭緒。

例如日本，竟在如今到鄉間去，倉房的獨木柱子上仍舊還釘着釘兒，上面掛着長葫蘆。葫蘆的中部，穿着二寸多寬的孔。雖然多半是用宅收容農產物是種子，但是直到最近還能看見把酒灌入葫蘆裡而去觀梅和觀櫻的；所以固體液體都是用過葫蘆之類收容之事乃爲瞭然，並且可推測出其淵源是在已經忘掉的太古。到琉球去，可看見用椰子實來盛燒酒；這乃是在南洋普通所能看見的。

然而有的地方因得不到這種材料，所以便用有凹的石魂，或特意把堅硬的石魂造出凹形來用宅盛水。因石工並非容易，所以又曾以木造；或許也有將液體保存於角中，或是用人的頭骨——髑髏的。有一種燙酒器一端尖窄，是將其尖窄的部分直接揷入火傍；由於它和牛角相似之點觀之，竟能做爲曾以牛角來做盛酒之容器的證據。蒙古曾用髑髏杯，不，不但是蒙古人，即在近幾百年前，織田信長曾將淺井長政的頭飾以金箔，用餐時以它飮酒；所以日本過去也有像蒙古那種風俗也未可知。

二四　土器之發明

想必是原始人在某種時機，譬如到河邊去飮水時，看見被洪水穿成窪的粘土層當洪水退後那裡所存的水，因而便注意到粘土有保存水的力量。更在某種機會，譬如在粘土層傍燒魚烤肉之時，又注意到粘土經過火燒而變成了堅硬。這兩種注意結合起來，竟得到了粘土經燒過之後而能盛水的推理。

人類乃是慾求的動物，一旦想到的事無論如何也要喜歡把它試行一下。這裡即便是有些困難，但也要去試行，這便是人之所以偉大起來的原因。他們曾屢次地試燒粘土，然而總是軟而易碎；如是竟又把宅添入細砂少許，加上了火，纔造出良好的陶器來。這就是最初的土器——粗製土器。

在用火燒製土器以前，又可以想像到必定是曾使用過晒製的東西。埃及學者曾說：當尼羅河（Nile river）的洪水退後，見其河岸的粘土被太陽晒得堅硬，而將此應用於家屋之建築的便是晒製磚。既然有晒製磚，當然也可以有晒製陶器；但是却不能用宅盛水，想多半是收容種子等物的。又能這樣想：最好先要觀察土器的形狀；但是却可以料到前面的見解——由葫蘆而土器的見解爲適當。

勒叩克（Le Coq）這位亞細亞學者，曾調查過中央亞細亞的技術；在土耳其斯坦的壺類之中，曾發見出中央細窄之葫蘆形的。若據和爾木斯（Hormuz）的研究，美洲印第安人——從米索利（Missouri）的塚裡掘出的土器以及密士失必（Mississippi）的墳墓裡掘出的土器之中竟有成爲葫蘆形的，又有將宅割成兩開之形狀的；使我們曉得了土器乃是模倣着天然的果實。美術家雖然好講人的創造性，但是人並沒有從新創造的能力，只不過是具有在先人的經驗上加以自己之貧弱的經驗而去一步一步地稍微改良的力量而已。人們對於如今由地下所發掘出來之許多優美的土器，並沒有只由自己的頭腦而能製造出來之理；他們一定是必須模倣天然的產物，纔能把它製造出來。

土器雖有許多製造方法，但是螺捲法和輪積法乃實行得最早。前者是先把粘土揑成長條，最初先做出底的中部，再將粘土條並列着盤旋於其周圍，然後再豎着漸漸向上堆疊着盤旋起來，便成了土器。後者是先用粘土做成一個圓輪，然後再將許多的粘土輪積疊其上之方法。豫先做出竹籃，將粘土塗於其上，乾後以火燒之，只把竹籃燒掉之後便剩下了土器；——這種方法也是有的。

這些土器的製造者都是婦女。凶暴的男性從事狩獵，是在外面和猛獸格鬬；反之，溫柔的女性覓留在小屋裡從事着各種手工；製造土器，即係其手工之一。

二五　圖案紋飾之起始

緻密的婦女從事着和男子相反的工作，一代一代地循環，不知經過了幾千年幾萬年，其性情好像是變成了形質遺傳，而傳給了子孫。如是在男性和女性之間，便生出了極大的差隔；男子生成了男子氣質，女子生成了女子氣質。梅遜(O. T. Masen)這位人類學者曾注意到宅，說男子是有戰鬭性，女子是有工藝性。

開始製造土器時，女性便已經有了完善的工藝性；因爲她們從幾萬年前便做慣了石器，以至於工作愈精技藝愈熟的緣故。女子利用其豐富的工藝性，便計劃出將所造成的土器附以紋飾。試觀在俄領土耳其斯坦阿那烏(Anau)的庫爾康(Kurgan)所發掘出來的土器，最古者乃係無紋，漸漸隨着時代的演進便有了紋樣；所以起初乃是無紋，後來竟附以紋飾之事乃係確實。然而因何以至於發明出紋樣？

這個問題的解答，學者曾有各種之說。然而最易想到的，是在製造土器時，其底部定要留着什麼痕跡；由於這種痕跡，而想到了附以紋飾之事，乃無論是誰都能立刻想像出來。土器的底，往往要被壓上樹葉的模樣；由此，便可以造成紋樣的起因（Motive）。哈頓（A. C. haddon）曾說編製的東西乃是紋樣的起因；但研究克利特（Crete）之遺跡的伊文思（Evans）這位考古學者說：起初好像是用指甲壓成的抓刻紋樣。

無論如何，起初也都是單純的點和線等；既便是線，但曲線等也要是在以後，最初想必是直線。想必是由直線紋漸漸地進化到曲線紋，終於造成了能認爲是有意義的表現。土器常要印着繩紋，據說這是以繩捆物的痕跡。直線紋樣有菱角形的，並行線的，三角形的，這都叫做幾何紋樣；其起因多半是以自然物爲主體似的。然而，以後竟漸漸地連人工物也至於被模寫了。

紋樣雖有許多，但暫且可以把它大概分爲四種。原始人，尤其從古來便

極靈敏的婦女，因雷閃刺激了她的胸膛，每當看見了宅，便要感到一種神祕；例如∧∧∧形狀的紋樣，乃是由閃電爲起因。遠山綿綿，丘陵連續不斷的形狀，在她們女性的愛美心裡竟造成了深刻的印象；譬如△△△△這種把三角形橫連起來的紋樣，多半要是山脈的表現。像|||這種紋樣，想必是由雨而想到的。像≋這種紋樣，想必是看見流水而想到的。這些紋樣，挨着次序叫做鋸齒紋樣(或閃電紋樣)，三角紋樣，並行直線紋，流水紋等；不論那一個，都是自然紋樣。某一位學者曾將自然紋樣又叫做物理紋樣。

二六　紋飾之進化

時常看見葫蘆的婦女，至於宅那蔓莖當然也要映入眼簾。她們當製造葫蘆形的土器時，想必要運用其工藝性，將其表面附以蔓莖的紋飾。像〜或〜這種紋樣，乃叫做『草莖紋』(Arabesque)，在古土器中往往可見；

這就是所謂植物紋樣。

其次是由動物的形狀所想到而造出的各種紋樣。土器之中，常常可看見附以〰似的東西；這一定是蛇，或是蛞蝓的表現。取形於一切動物的，叫做動物紋樣。

第三是由動物而移到人。表現着人臉的東西是可以常常看見；在日本，尤其是在長野縣所發見的土器之柄或其他部分——例如上部的邊緣等處乃有表現着人臉的。這些都可以稱做人狀紋樣。

在這裡使想到的是先有圖案呢？或是先有繪畫呢？普通雖以爲『由單純而複雜』乃是紋樣進步的法則，但其中竟倒反有『由複雜而單純』所進行的東西。略想想看，像圖案這種東西，並不能以爲是從早就有；雖然能使想像到最初是有欲使表現的繪畫，必是由繪畫漸漸化爲單純而變成了圖案；但事實却與此相反，乃是起初先有圖案而後纔生出了繪畫之事，發掘克利特等遺跡觀之便可以知道。由於形狀來說，圖案雖較繪畫單純，但是由於頭腦的運用來說，圖案乃較繪畫進步，而且極費精神；所以不妨可認爲這是走着由複雜而單純之路徑的。

無論如何，幾乎都是由無意義的抓刻紋樣而變成了表現自然物，植物，動物，人的順序，乃是須要注意的紋樣進化的過程。使紋樣生出這種進化，當然是由於愛美且善於工藝的婦女。婦女是一切技術的創始者，尤其對於美術而其恩惠更大。男性雖然要以爲如今的一切文化乃是由自己們的手所造成似的，然而工藝，其實乃是後來纔由婦女之手奪到男子的手中，眞正的計劃發明，乃係婦女所做。

總之，土器之發明，對於人類的食物以及飲料之貯藏使容易起來；由此之後，竟減少了從前那種饑饉，因而榮養便好起來，其所有貢献於肉體之改善，乃勿須贅言。

二七　淺耕之開始

一旦起始了食物和飲料的貯藏，而知道了由此則能緩和饑饉之苦的人類慾求再生慾求，具有超過於一切動物之無限的文化發展之路徑和求進運命之人類；一定又把食物飲料更行以人造，意欲造成幾時都能吃它且喝它的世界無疑。

曾如屢次所述，原始人當初乃是吃着草的地下莖；吃着野草木的果實之類；在一個地點把它吃盡，便要移到別的地點，試嘗着所謂『螺旋式的漂泊』。但一定是曾在供爲食用之穀粒無意地落掉或忘却的地點，經過一年回來看時，見其穀粒裂開而生出了萌芽，或是結着良好的穀穗，而想到了若把某種種子放在地上，它便能够生長結子；一定又曉得了若把某種樹根栽置起來，它便要漸漸地繁殖。因爲澳洲土人知道掘食球根，所以這種事情多半是從舊石器時代曾實行過。

澳洲土人當挖掘球根和地下莖時，多用挖土杖。挖土杖乃是很簡單的東西，只不過是把木棒的一端弄尖而已。雖然乃是用它來反覆地挖掘着所須要的植物的根周圍的土，如是便取食其根；但一定又注意到如果全都吃掉則要絕滅，因而便食其大半而留一小半於現地，以待來年再去生長繁殖。掘根的棒，也可以轉用爲栽根的棒；如是，地下莖和球根的栽培，竟是使用了挖土杖。

不但如此，並且由於多次的經驗而曉得了播種的人，竟開始用此杖將地面接連着掘開了坑，把種子放在裡面，上面培上了土。掘坑培上，想多半是看見了好容易所撒布下的寶重的種子被鳥等啄食，以爲是不妥當所想到的。

美洲印第安人（Indians）的女性，在做着手工或撫育孩子時，往往要拿着挖土杖在地面上掘坑播種；所以原始農業之開始，要和土器一樣，也可以說是由於婦女。如是，婦女不但使生起了工業，並且又開始了農業；婦女不但只能產生人的本身，並且又是產生使人能得生活之食物的恩人；因而竟以爲土地的生產力和人的產生力是一種東西，想必是因此纔把婦女崇爲生產之神——大母神；也就是『瑪』和『那那』。

無論使木棒的先端怎樣尖，但不過只能挖掘地面而已。只能掘坑乃不爲充足。漸漸聰明起來的人類，及至知道了尚未能把土地所持有的生產力去充分的利用，便開始選擇有枝的木棒，除掉枝的末端，將幹部弄尖，把棒顚倒過來，卽將末端持於手中，用幹部翻弄地面；這就是木鍬。瑞典一帶，說是僅在五六十年前，農家之間仍尙殘留着這種木鍬；因而可知那裡直到最近仍舊還是過着石器時代的生活。無論如何木鍬也是不能深耕，如是，竟將木棒的先端附以石鑿或石斧；這就是鋤的起始，鋤乃是由木棒所進化的東西。之後，又實行在石上穿開了孔，插上木棒，以代木鍬耕地；這乃是後來的鍬。因鋤和鍬不能把土地翻掘得怎樣深，所以人類學者爲使與眞正的耕種法得以區別，而將這種耕種方法呼之爲淺耕法。

使淺耕法生起革命，以致生出了眞正之農耕者乃是犁的發明。犁較鋤大且附有雙柄，由於人力推宅而能將土地比從前耕得更深；但是力有限而慾無限的人類，終又想到使牛曳宅，由此以後，便生出眞正的農業。眞正的農業，因爲是由男性來操作，所以使由女性之手而將農業奪與男性者，不妨也可以說是犁。由此，婦女纔漸漸地被男性將其職業奪去。

二八　動物之飼養

植物性食料的進化，既然是經過如上的過程；那麼動物性食料，是經過怎樣的過程以至於進化到使人類得到生活的安定？使淺耕法改爲深耕法，一方面是須要犁，另一方面是須要牛；但是，是由多咯，因爲什麼以至於養起牛來？現在我要把飼養家畜的歷史試說一下。

人類捕獲動物的方法很多；起初是投之以石，其次是用木棒與石棒毆擊，後來是用弓矢。其次是用套圈投捕，是把套圈使套在角上以捕水牛或鹿。春日神社的鹿之割角祭與時之捕鹿方法，是用竹片做成圓圈，用它向鹿角上投套；當鹿意欲把它脫去而惛惛地彷徨時，便去將牠捉住。這是起初先登上在鹿將經過的路上——鳥獸在林裡所經過的地點大約是有一定的——穿出着樹枝的樹，當鹿走過時，便從上方將套圈投落下來。美洲印第安人捕捉水牛的方法，是把長繩的先端附以套圈，使其套圈套住水牛的角。

此外還有用陷阱的方法。把地面掘深，爲使野獸落下時能以受傷，竟將樹枝之一端削尖，使倒立着置於其底，如是，又在上面放上了樹枝或草，使不得發覺。因而野獸竟不理會於它，坦然地求飲求食踏於其上，便要落在穴中被刺尖刺死；或者也有受了極大的傷而放聲地痛叫着，於是終於死去的時候。

有時候，某種動物不曾受到重傷，在穴中使肚子餓得害苦。這種時候，或者只有大獸，或者也有母獸和小獸都在裡面的時候。因爲母獸多半都是走在小獸之先，所以決定是當母親落下之後孩子纔落下去。先落下的若被刺尖刺中，後落下的則定可得救。母獸雖曾受傷而奄奄一息，但小獸却不曾受到些許的傷，愚昧地銜着母獸的乳房。惦念孩子的心，人和獸類並無差別，乃是一切動物都要發生的普遍底心理作用。當母獸不斷地惦念着孩子而繼續着悲慘的叫聲死去之後，無辜的孩子無論怎樣吸着乳房，但也吸不出以前那種甜美的奶汁；如是，便發出悲痛的可憐的聲音叫喚起來。牠那可憐的聲音，竟催下了具有子女經驗的人親，尤其是母親的眼淚。

人在當初雖然並沒有同情心，但是當石器時代業已經過多年之後，對於事物便漸漸地湧起表示同情的憐恤心來。聽到小獸的悲叫而窺視於穴中時，小獸正在裡面舐着死去的母親的乳房；人的母親悲痛起來，使男性將那小獸拖出，也有從自己的乳房裡擠出奶汁送給這小獸的。長大之後，又與以別的食物，如是，野獸竟馴服於人了。

事情有過一次，便有再次三次；一旦被馴服的野獸，竟不願和人離開；

竟違以後來的，其次來的，也都不肯違背於人。於是，最初養慣了野獸的人們，則必定要有許家多畜；普到全部落，遂起始了牧畜。

二九 圖騰制度

或許要有人說以人乳飼育動物乃不可能也未可知。然而用牛和山羊乳來飼育人們的孩子，也可以認爲非是在曉得以人乳飼育獸類之子的以後不可。蝦夷人(Ainu)的婦女，曾以自己們的奶汁來飼育熊子，而後將牠供爲熊之祭典的犧牲。蝦夷人相信自己們的來原是由於熊，即信以爲是熊的後裔，和熊的關係竟這樣的密切。

美洲印第安人以及澳洲土人之中，有所謂圖騰(Totem)的信仰；有所謂圖騰制度(Totemism)的社會習慣。所謂圖騰制度，乃是一團人群的血統都是由於同一祖先所傳；其祖先或係食火鷄，或係袋鼠，或係龜，或係蝙蝠，或係鶴等動物者居多。內中也有由植物所傳下的圖騰團；並且也有相信是由閃電，風雨，日月等自然物自然現象所傳下的血統。然而圖騰制度的本體，似乎是在於將動物和人信以爲是同一的系屬。

有的學者雖曾主張這種圖騰制度乃是教人飼養家畜與農耕的東西，但也不能不使想到是與其相反；即因爲常食袋鼠，故以爲自己們乃賴於袋鼠而生存。若堅持這種思想，則不能不使引起自己是由袋鼠所傳的想像。以山羊乳所飼育的孩子，一定要把山羊像母親似的戀慕。這種思惟，便是斯賓塞(H. Spencer)所說的誤認之原則；在很長的期間裡，相信自己們的來原乃是由於山羊之事也不能只限於沒有。但是無論如何圖騰制度和飼養家畜也是要有密切之關係的。

美洲的圖騰團，曾在自己們所集聚着許多小屋的村落門口以及其他等處，植立着叫着圖騰柱(Totem pole)的彫刻着圖騰形狀之高大的木柱。一切的圖騰團，都是不和同圖騰者結婚；雖然如此，但也並非只要是其他圖騰任何那個都可以結婚。圖騰之中，譬如食火鷄須和袋鼠結婚似的，乃有一定的可婚圖騰團。圖騰團的繼承有兩種：有繼承父親之圖騰和繼承母親之圖騰的。假如這裡有屬於食火鷄圖騰的母親，生下男女二兒，父親是袋鼠系統；若依母系繼承，其女則爲食火鷄圖騰，所以也可以和袋鼠系統的父親結婚；若以父系繼承，其子則爲袋鼠系統，所以也可以和食火鷄系統的母親結婚。然而不知是由多喈因何理由，近親結婚竟被答布，因而可婚的圖騰對向漸爲減少，竟有爲難的了。

圖騰動物和現在的人們差別過大之事，乃是使圖騰團裡的人們所憂慮的。是憂愁着自己們將會變成由祖先分離的東西；結果，竟二年舉行一次 Intichiuma 之儀式。圖騰團裡的人們，雖然禁食圖騰動物，但在這時却將圖騰動物捕來，起先是給圖騰的祖先，之後是給酋長，其次是給團員，吃着圖騰動物的肉，且喝着血。雖這樣以結合將會分離的圖騰動物和人，但狩獵時代已過，及至農業時代，竟舉行收穫祭典以代 Intichiuma，而變成以麵包和葡萄酒的飲食代替了血和肉。東洋之產米國竟與產麥國不同，乃是以米飯和酒的飲食代替了麵包和葡萄酒來舉行儀式。

三〇 家畜——犬的歷史

野生動物之馴養開始，無論如何也是在新石器時代的事情。由其形狀極相類似之點觀察，猪一定是野猪所馴服的。一定是牛係野牛，馬係野馬所馴服的。鷄一定是山雞，家兎一定是野兎，鴨一定是野鴨之類漸漸所馴服的。馬戲子竟連獅子和虎那種猛獸也去馴養。據說馴養猛獸，是使牠們十分飢餓，使肚子漸漸餓到不得已時，而屢次地把一片肉給牠，使牠馴從。這種馴養方法，乃是應用着前面業已說過的那種陷阱裡的動物，使野獸野鳥，漸漸化爲家畜家禽，失掉了野獸性，竟變成了溫和的動物。

一切家畜，都是這樣先由人去和動物接近。人在狩獵時代，既曾受過飢饉之苦，因而便生起了怎樣能使所捕得的禽獸整年的放在自己們的近傍，隨其所要而能吃牠的希望；如是，終由如上之方法，而使狩獵動物化成了家畜。亞耳他米拉(Altamira)之洞窟——這雖然是舊石器時代之遺物，但在其壁畫上，却描着牛馬以及鹿的圖畫。因爲這些動物都是結成着群，所以竟有以爲牠們似乎是家畜的；其實牠們乃是狩獵之目的物。這些圖畫，由於Intichiuma的儀式等，可推察出似乎是施行多能捕得牠們的呪術而在狩獵祭典時所畫。

無論如何，舊石器時代之主食物如果是動物性的東西時，爲使牠常能不斷的供給，當然第一先要發明出家畜的飼養，乃是一般所能想到的。然而先年美洲的巴姆培利(R. Pumpelly)博士一行，調查俄領土耳其斯坦之遺蹟的結果，會發見農業先行於牧畜一事，竟將從來的農業晚於牧畜時代之說推翻。這個發見，的確是在考古學界，史學界，進而在人類的歷史上，尤其是經濟史上會與以偉大的激動(Shock)。

巴姆培利所調查的阿那烏之北庫爾康，雖可計算出宅是創建於紀元前九千年，但在那裡所發見的士器原料之粘土裡，曾混有麥與小麥的粃糠；所以農業當然是在紀元前九千年還要以前，即非以為是在紀元前一萬年的時代所起始不可。並且猪，綿羊以及馬的飼養，因之也可以知道大約是在紀元前八千年乃至六千八百年的時代；所以農業早於牧畜之事，根據阿那烏的情形，至少也是確實，的確是可驚的一大發見。

家畜之飼養乃較晚於農業，並且都是先由人去接近牠們；但是家畜之中，唯有犬可想像到是由牠先來接近於人。犬一定是由於豺那種東西所訓服的——動物學者之中，也有說狸乃較豺為近似者——；這種動物，只因非常靈敏故又非常怯弱，在那時候，想是曾被其他勁敵所虐待，只以自己們群居，乃是孤獨不堪，遂由遠處近向有人的地點而來，與人們結成了友誼關係。一切家畜之中，犬是最忠實地敬慕於人，和其他牛馬之所不同相信即在於此點。另一方面，犬之所以向人接近，何許是因為牠們缺乏成群性也未可知。

人類乃如是地製作士器，以保存食物和飲料；由於農業及牧畜，而將植物性物資和動物性物資能不斷地供爲食料；並且，甚至於連搾取動物的乳汁以供爲飲料之事也曾計劃過。像這樣的三大發明，的確是在新石器時代所生成的；所以新石器時代，乃是人類文化史的一大轉換點。而且這些發明之大部分，可認爲是由於婦女之手；因此則非將婦女視爲人類文化史上不可忘掉的一大貢献者不可。

三一 漂泊生活的兩種型式

農業之發明，曾使人類文化生起一大變革；如果一一地舉出條例乃因麻煩，故而省略。但是，第一是使漂泊生活變成了定着生活；第二是使發見了眞正的社會生活，以宅來替換了先行社會；第三是使器具進化，在工藝技術上現出了可驚的進步等。

人類從早便有濃厚的社會性，所以若非群居則不得度日。然而群居的形式乃如前述，是自然底，非意識底，本能底；無異於鳥之聚合，獸之群集。並且其住處也不一定，乃是隨着漂泊而漂泊的。因而，學者曾將農業以前謂之漂泊時代；以後謂之定着時代；因爲是由農業誘起定着的緣故。雖然是枯瑙(H. Cunow)曾說：是由農業生起定着？抑是由定着而生起農業？這乃是疑問；但事實索性是後者爲近。然而我們由各種理由，想仍要相信定着乃是農業之所產生。

漂泊時代之人類生活——主要是漂泊狀況，曾是怎樣的呢？爲要知道這個，必須曉得鳥類的生活。動物學者曾將禽類分爲『留鳥』『漂鳥』『候鳥』三種。所謂留鳥，是四季繼續着久居於其產生地裡的；漂鳥是具有在一定的季節裡，隨着食物而漂泊到比較隣近之地的習性；候鳥是生於寒帶或溫帶，按定季節往來於甲乙兩地之間。例如麻雀便是留鳥，春夏秋冬四季繼續着永不變其居地。又如黃鶯乃係漂鳥，冬季當山地上下了雪，雖然要降到村落而來，但是在夏季裡，普通是要從平地裡回向高地而去。再說候鳥，乃是燕以及雁之類，到了秋天，雁便從寒地來到暖地，到了秋天，便要捨開暖地回到寒地；夏初，燕便從熱地來到暖地，秋風始起，便要從暖地回到熱地而去。

人類的漂泊，譬如像漂鳥似的，漂泊在稍大的一定區域，普通是要行着螺旋式的或往或來。當古代人口稀薄的時候，可獵的禽獸如若減少，便要尋求着多有牠的地點而去遷移，竟漸漸地又回到從前的地點。我將此命名爲『漂泊型』。漂泊型之循環底漂泊區域，多半是只限於有河川的山谷，三面是山，只有一面是連接着平原的土地；想似乎是由其右岸赴往上流，又由左岸漸漸赴往下流而去。並且在廣大的平地上，小川或小丘乃是標記，可以爲是有着較爲寬濶的境界。

其次的漂泊型式謂之『移動型』；乃是當附近可獵之物減少起來及至集團生活達到不得支持的程度時，竟捨開那裡而向其他的地點順次移去；與前者之所不同，乃在於不斷地向前移去之點。移動型之漂泊，在人口稀薄之情形下，如果只以食物之動因而不致生起時，另外則非有任何動因不可。

三二　東方憧憬

現在的人類，無論任何國民任何民族，都有各自的懷鄉慾（Nostalgia）；當赴向漂泊之旅途時，對於自己們自身之鄉土的思慕之情乃是極其深刻。文明國的民衆，回憶起電燈，自來水，昇降機，音樂，跳舞，花一般甜美的社交生活，對於不便的荒村生活之寂寞雖要感到難堪；可是，未開化國的民衆，把山，林，河，藤樹的梯子，Boomerang，Corroborry，以及像猿似的自由的個人生活相比於眼前，對於便利的都市之高樓大屋生活的繁華，竟不能不覺到眩暈之感。

懷鄉慾並非是由定着生活之所產生；竟速漂泊生活者對於他的居地——故鄉，也依然是懷有愛慕不已之心情。其所思慕的天地，或謂之『墳墓之地』，或謂之『母之國』，或又謂之『父之國』；一切民族不拘人種，都是思慕着宅，而在長久的旅程中，竟有患病的。所謂『天涯孤獨客』之一語，從古來便被做爲極可憐的，寂寞的，悲傷的境遇之表現。故鄉竟是這樣的可愛而難以捨離。因此，在必須漂泊的時候，行着循環式的漂泊，乃是以早晚能再回到原處爲原則。然而因何却要離開其難捨的故鄉——熟悉的山林河海，赴往遙遠的旅途而行其移動型之漂泊？

這裡面雖能假設出種種動因，但是我從本心裡乃以爲是由於能夠支配原始民衆的一種偉大的力量——雖然經濟學者將此歸屬在由於支持生活爲主的食料缺乏之結果；而去索求食料之新所在——例如宗教心那種東西似的。雖說是宗教心，但其內容如今與往昔不同。古代民衆乃是懼怕黑夜的；太陽沈沒便是夜間，黑暗籠罩了大地，完全失去了光明，所愛的人臉，所嫌惡的毒蟲之形狀，到了黑夜便不得分辨；尋找物件時，非去用手摸索不可；出外時，一方面抱着憂慮與恐怖之感，一方面却只得去探行黑暗的窄路細徑；不但如此，並且寒氣襲來，猛獸侵入，鷲鳥吼鳴，奇怪的小動物在跳動着，使他們的生活陷入極度的不安，如是，在太古的人類生活上所恐怖的竟是夜裡的世界。

然而，及至天明日出，一切變爲明瞭，萬物便能以指呼。微笑的日光伴着溫暖的熱度，使寒冷幽暗的世界變成了安然平穩的樂鄉。所以，他們以爲太陽便是救星，便是他們自身的生命。

他們自身的生命——太陽，分明是東出西沒；原始人以爲宅是從宅的家裡赴向臥處而經過着一天的旅程，每天都是各各不同的太陽，並不相信是一個太陽能天天看見。因此竟想到了如果去到太陽之家——東方之極端，便能常有許多太陽，那裡始終是光明，溫暖，快樂。這種思想，不久便引起了原始人之東向的憧憬心。Orientationalism！只有宅纔是使太古民衆背棄了懷鄉慾，離開故鄉而赴向遙遠的東方之旅的動因。Orientationalism 乃是在太古時曾普及到廣大之地球面的原始宗教，至少在東半球的東半部，所有的民衆都是具有這種信仰。

三三　無限的東向運動

東方的仰望心，不久便把東向的意圖使懷抱在原始人的胸懷裡去。原人的移動型式如今雖不得瞭然，但他們從舊石器時代晚期直到新石器時代早期之移動，似乎曾殘留着多少的痕跡。

無論人類的發源地是在何處，卽便是在如今業已淹沒於海中的印度亞非利加大陸；或者是在印度澳洲大陸；或是在一般所相信似的中央亞細亞，譬如在西土耳其斯坦附近；但這並沒有去究明它的必要。在前述之時代，受到地理底環境之影響而被特化的人種之波動，曾由中央亞細亞之一地點沿其斜面向北向西向南向東而下之事，乃是格利非斯·泰羅（Griffith Taylor）也曾考察過的事實。在這種波動之中，曾現出極顯著之大波汶的乃是東向之巨大的波動。我們可以想到這乃是在人類文化史上最爲顯著，最須銘記的太古之人種的大移動。

那時候，亞洲早被黃色皮膚的人種所充滿。他們這些先驅者們，追求着日出之起點，一方面做着在那裡能展開着常常夏明亮溫暖的世界之夢，一方面却登山跋野越過森林而漸漸向東努力前進。其前進之經路，乃是由西向東，穿過西比利亞之南部；及至看見了太平洋之巨浪，想必是經過了許多世代。他們並沒有能渡過波濤澎湃之大海的水上運輸具；他們是乘着將白樺樹皮剝下，紮其兩端，爲使不致太窄而將船㮾放入中央所造成的小舟渡過了河川和湖水。此外，只有將許多木頭連在一起的木筏，無論如何也不能渡過波濤洶湧的大海。因是，他們便沿着海岸進向東北而去。在一年中的某時期裡，因爲太陽是由正東北而昇起，所以東和東北在他們那原始底心理上竟以爲是一樣的。

如是，竟望見了白令（Bening）海峽，當那裡的水在冬季裡凍結之時，踏於其上而達到北美之北端：之後，又生起南下運動，遂又進行到南美之南境。這些先驅者們，便是人種學者所說的美洲印第安人，乃是人種學上所稱的『類蒙古人種』；在體質方面乃無異於亞洲人。由此之後，他們雖曾分出許多部族，但本來同是黃色人種，不過是在這種長期旅程之間經過了數千數百世代，受到其各自所占居之土地的影響而多少生出些變別而已。他們有的部族，雖曾早已忘掉了他們是來自何處，但在其他部族之中，有的竟有表示着他們是由西方而來的神話。不但是美洲印第安人，即在亞洲也是具有其祖先是來自西方之神話和傳說者居多。中國人也有由崑崙山之斜面而來，日本人也有由西方東往的故事。

馬加累特．科姆普呑（Margaret Compton）女士所蒐集的美洲印第安人之神話中，有一段叫做『白雲童子拜謁日神』的神話。內容是說：從西方的大草原上，由於五個少年和一位白雲童子所組成的狩獵團，意欲達到日出之地而赴向了無邊的旅途，打破森林湖水河川的障碍，忍艱耐苦，終於達到了東方之極端；在那裡由於常娥的介紹，使白雲童子拜謁了其兄日神。這分明是反映着他們祖先的東向運動之東方憧憬的神話化。住在北美北部之挨斯基摩族，因爲也是這樣的在地球北端由西向東前進故而其最後之一部，曾盻居於美洲與亞洲之間。繼於挨斯基摩之後的是邱庫基族(Chukchis)，科利押族(Koryaks)，堪察加族，以及奇利押族等所謂舊西比利亞種的種族。繼於舊西比利亞種之後的，乃是所謂新西比利亞種的種族；例如蝦夷，通古斯，蒙古人以及土耳其種。造成日本人之中心力的，的確是其中之通古斯族曾混入着若干蝦夷人的血液之事乃是勿須爭論的事實。他們都是漸漸向東前進，恰好是占着縱隊進行的位置之事，完全是由於前述之Orientationalism的緣故；並非是爲了索求食物，也不是爲了別的。

三四　定着生活之開始

根據上述之理由，由於美洲印第安人與亞洲諸種族之體質方面曾相一致，並且在文化上也相一致，而其石器是磨製與打製混合之點，可知道他們的移動開始是在併具着舊石器時代晚期狀態的新石器時代。

新石器時代的晚期，發明了淺耕與深耕，如上之移動型漂泊業已告終，乃是由循環式漂泊漸將移向定着生活的時代。當狩獵時代，如若久居於一地點，可獵的禽獸便要竭盡，所以在可能範圍內，非去漂泊不可。雖然在漂泊時代，但也要有暫居之必要；故而狩獵者當然要暫居於山，林，河岸，湖邊等處。當暫居時，是把木頭並列起來，造成立椎形的架子，將獸皮等覆於其上，而在那裡休息，睡眠；這就是如今在美洲印第安人以及西比利亞往民之間仍可見着的天幕。然而，雖是暫居，但若許多民衆居在一起，狩獵之結果便要不佳，所以非得極力散開而暫居不可。

然則，假使就是淺耕，而將芋根栽於其所暫居的天幕之傍，但若離開那裡則不能收穫到所希望的芋，所以勢必是不願離開那裡。並且如果播下菰蒲，或是播下玉蜀黍等種子時，宅的發芽，生長，開花，結穗，便得須要相當長的日期；至少也要單在這個期間裡而不能離開他那菰蒲或玉蜀黍之傍，即便須要遷移，也要擇於收穫完畢之後，因而居住便漸次地開始了定着。

起始了農業，及至小麥，大麥，裸麥，粟，米等之栽培，是須要栽培宅們的大片之土地。狩獵除非是在山林，可獵之物則要稀少；但是農業因不宜於山林，所以民衆們自然便走下了山而到平地上去。無論是米是麥，其播種都有一定的時期；對於宅的拔苗割穫是有一定的期間，如若錯過了這個時期和期間，則不能播種，拔苗，收割；因此，人們便感到了協力之必要。由於感到必須協力之結果，覺覺到了散居之不便，於是便促起了使散居生活轉化到密集生活。

爭鬭乃多由於不理解而起，若能理解則不致生起爭鬭。犬和猿，從早就被稱爲『犬猴不對頭』，而被定評爲爭鬭者，不睦者的；但是如果把犬猿雙方都從小時候便放在一起飼養，猿能爲犬捉取跳蚤，並且犬的殘食雖被猿所奪取，但也並不忿怒。貓與犬也是不睦；但若飼養日久，便能和好起來，而生出兩隻同吃一盆飯的怪現象。這完全是由於雙方之能理解，只要能理解，便不致生起爭鬬，並不仇視，而能親和的度日了。人類也仍然如此，當着你在被處之山，我在此處之林孤立而散居時雖要互相仇視，互相嫌惡，所說的『厭惡』竟成了根由而爭鬬着；但要一旦接近，群居，密集起來，便漸漸得以理解，遂失去了厭惡。當起始了非在一定之期間裡去做一定的工作不可的農業之後，竟曉得了一人之力的所爲劣於一家，一家之力劣於一氏族，一氏族之力乃劣於一村全體住民之力；因是，人類竟漸漸地尊重起協同了。所以也可以說是有『協同』的地方便是有『文明』的地方，有『爭鬬』的地方便是有『野蠻』的地方。並且使進化到協同，的確是由定着生活爲動因；使進化到定着生活，乃是由於農業之發達爲動因；故而人類的協同，不妨可說是由農業之發明所促成的。

三五　灌漑耕作之出現

農業之耕種方法，由挖土杖而木鍬，由木鍬而木犁之漸次地進步，竟將土地所具有的養分能使所栽培的植物無所遺憾的吸收了去。然而有的地方，譬如山上以及離河較遠的地點，或是下雨不多之地方等，因乾燥而不生長植物之事居多；所以便想出了以人工將水送到所栽培之植物上的方法。這就是灌漑耕作，也是最爲進步的農業形式。卽乃是造出溝渠，由某河川或某湖沼使水隨其引導而流過來，以培養在其流水的兩岸所栽培之植物的方法。

埃及，美索不達迷亞（Mesopotamia），北印度，中國，西比利亞之葉尼塞斯克（Yeniaeisk）以及南美之祕魯（Peru）等有古灌漑遺跡之處，定曾放過燦爛的古代文明之光輝。由此點而觀之，灌漑多有貢献於文明之事，乃是沒有可以疑惑之餘地。灌漑俾使文明進步之道，若據罕丁呑（E. Huntington）博士說至少也有五項。

第一，實行灌溉之民衆，非是住在一處不可；因而他們對於家屋以及耕地所施行的改善，竟有了永久底價值，而越發刺激着他們意欲使其完成。第二是整備溝渠以及閘門，並且爲要使其工作不得遲延，自然便會養成勤勉的氣質。第三是遵從多數的意志，而教以和平之生活；譬如在久旱之際，如果居上游者若任意引去多量的水，居下游者竟不能得其一滴時，則非惹起所謂『水的紛爭』不可。但是這種利己行動不知反覆過多少次，人們竟覺悟到這種行爲之於團體生活的不利，由於輿論之力，終使制壓了它。第四是舉開用水的會議，由於規定出用水期間與分量等結果，使發達了自治精神。第五是由於人們接近而居的結果，對各家族竟與以愛鄰之心，而促進了對於住民公共的有用制度之發達。

除以上所列舉的五項之外，灌溉的功德仍有許多；總之，共同事業之進步，有賴於灌漑耕作者不少。像這種由淺耕而深耕，由深耕而灌漑的農業之進化，改善了人類之社會生活，而果成了使自然民衆進化爲文化民衆之重大的職責。農業之有貢献於人類社會，的確是偉大的。我們現在須再注目既已述過之先行社會，而究察其逐次發展到家族，血屬群，地方群，氏族，部族，聯邦的進化過程，想是所必要的。

三六 由園藝而眞正家族

當實行着放蕩之先行社會的長期間裡，經濟漸爲發達，雜亂婚姻漸次整頓，群婚型式竟變成了單婚型式。這種變化，乃是由於人類所具有的生命之慾求所產生。對於生命之繁殖與支持的慾望是有限度的；在體力方面，物資方面，都被限制，結果，竟引起了個人間的結婚，因而便由不定的家族群——由許多以母親爲中心的孩子們所結成的原始家族所集成的——而漸次地進化到孩子們環繞着母親和父親的家族了。

狩獵時代，雖然竟連這種家族也是移動底；但是一旦發明了淺耕，當繁忙的母親一邊兒背着孩子或吊在脇上，一邊兒用挖土杖在半永久底小屋前掘着常受日光的地點，而將可食的球莖栽植在那裡，或又播種着原始底穀粒時，自然便曉得了小屋移動的不利，這纔漸次地變成定着底小屋了。因而我們要說婦女之緻密的原始園藝，竟造成了使住處定着的動因。

住處一旦定着，人心便漸漸安穩起來，失去了漂泊時代之憧憬的氣質；卽滅退了移動性而增加了執着性。因爲執着性是定着於一事物而不願輕易地移到另外的事物上，所以宅便影響到社會組織，使家族之結合更加鞏固，竟造成了以血族爲中樞之眞正的家族社會。如是觀之，家族之眞正的創造者也要是婦女之所爲了。

德國之人類學者，曾將農業分爲 Hackbau 和 Ackerbau 兩種。Hackbau 是以人力淺耕園圃，Aokerbau 是用家畜深耕土地；但 Hackbau 的時代乃是婦女從事於宅，Ackerbau 的時代乃是男子從事於宅；所以經濟的主力前代乃在於婦女，後代竟移向了男子。如是，以母性爲中心的家族，不知多喒竟漸漸變爲以父性爲中心的家族了。

日本有在門前耕種極少的田地之所謂『門田』，又可以看見有在住宅的門裡或門外的近處種菜的；這便是 Hackbau 的痕跡。這種『門田』及菜田，多半是由婦女和兒童耕種；並且插秧，拔苗，收割，多是婦女參加，及至用牛馬耕田的時候，纔由男子擔任。這些現象，竟如實地現示出農業是由女子而移到男子之手的過程，可說是在經濟史上極有興趣的現象。

那麼何以要由女子而移到男子？可說一方面是因爲耕作技術的進步，使工作困難起來，並且又變成了連續底勞働，在家庭中從事工作的婦女竟不能負担；另一方面是因爲起始了家畜的使用，由於男子所從事的狩獵所發達的家畜之使用，也不自然地成爲男子的工作。家外的工作一旦這樣地全都移到男子之手，所留給婦女的便只剩下了家裡的工作；食物之烹調，衣服之縫紉，土器以及其他小器具之製造，子女之養育等，竟成了她的根本職責。

因而家族與其住處，竟同都變爲定着底，定型底，非移動底了。

三七 血屬群與地方群

家族乃是最小形的血屬群，也有集合許多家族造成大家族群的時候。血屬群乃持有共同的權利，負有共同的義務。這是在古代之日耳曼族（Germany）[8]以及現代的澳洲土人之中多能看見的社會狀態；乃是在同一祖先所傳下的系統之觀念下所結合的集團。

希臘的階級，羅馬的部族，都有共同之名祖——即 Eponymous Ancestor；但果眞是實在的祖先與否乃不得而知，內中一定要有神話底東西在。他們的繼承，有由男性所傳和由女性所傳的兩種血統；乃由其先行社會是母權底或是父權底而定。

若以日本的情形來說，日本人多有共同的名祖，其祖先有男性或女性的。女性的雖然較少，但媛女君乃由天鈿女命所傳；水沼君由來於市杵島姬命，乃由來於『三女神』。因而日本人的祖先時代，也決不是有着簡單的社會狀態；可想像到是在各地各方，曾存在着具有狀態不同的社會。所謂地方群，乃是由地域所結合的群；是在挨斯基摩族之間所普遍的社會狀態。美洲等處，有與其他社會群互相結合而造成一地方群，例如Kraal的。一旦起始了農業，營農民衆雖勢必要在同一溪谷，同一平原造成農民群，但又一方面，仍舊要有從事狩獵的一團；可是，因其人口稀薄却不能獨立，因之非以爲是會加入在農民群裡做爲其細胞之一部不可。但這些並非是什麼重大問題。

三八　氏族乃家族之擴張

因而問題是氏族。氏族之中有父系氏族與母系氏族兩種，但結局乃是祖先相同之血屬的集團。家族乃以居住於同一之屋頂下爲原則；這裡有父親或母親爲首而居，是母親或父親與孩子團聚在這裡。然而孩子若到成熟之期，則要選擇丈夫而產生子女，其子女仍舊又要和母親住在一起，如是竟使家族的人員生生繁殖起來，勢必不能居住於一個屋頂之下了。因而便在既有的家屋之傍，另外蓋起小屋，以收容所收不下的人員。以前的家謂之『母家（オモヤ）』；以後的家無論造出多少也要把宅叫做『子家（ワキヤ）』。『母家』乃如文字之所示，乃是『母親所居之家』的意思；結局對於這句日語，非認爲是由母權時代所發生的言語不可。

一旦這樣地在主宅之傍造出分宅，恰如美洲的Kraal之在其蜂窩狀的小屋周圍圍着垣牆似的，也要圍着主宅與分宅造起垣牆。在古代日本，用木造時謂之『カキ』，用石造時謂之『シキ』。『カキ』是『木城』，『シキ』是『石城』；只不過是材料不同，結局都是把許多的家圍繞起來的『城』。所以這兩句話，都被做爲幾乎是同義而用之事，乃是和具有『劃』之意思的

『シキル』以及具有『限』之意思的『カギル』都不過是語異義同而已。『木城』『石城』，同都是為在其內部所集成的各家住者都是同一血屬之界限底表示；同時，也是防禦底施設。因此而將其內部謂之『ウチ』，但不知多嗜竟訛為『ウチ』；所以只根據日本，氏族也是家族之所擴大，是在共同的權益之下而結合着，積極底消極底都是以謀自己們之利益為目的。

並且氏族並沒有單只一個之理。這裡若有甲氏族，那裡則非有乙氏族不可。當各氏族人口稀少的時期，狩獵農耕雖然都不須要廣大的面積，但是人員的數目一旦大量增加，狹小地面的生產便要不能支持他們，如是則非使狩獵地與播種地較從前擴張不可。

許多時候，氏族群與地方群會相一致；——即沿着某溪谷造成一家，及至宅擴大發展而成為一氏族時，其溪谷裡則被同一氏族所占。與其隣接的其他溪谷，也要被其他氏族所占。由於雙方都要擴張其耕地，當這一方面漸次溯流而上之同時，那一方面竟又斜着開拓過來，結果在溪谷與溪谷相分的丘脈上，兩氏族定要生起一種交涉，即非生起談判或戰爭不可。

三九　指導者之必要

在這種情形之下，指導者——換言之，即代表自己的氏族之利益的代表者，乃是所必要的。不但是氏族須要表代者，竟連極小集團的家族也是須要。當家族與家族發生交涉時，或是協同或是爭鬬，都是非有自己的家族之利益的代表者不可。

家族的代表者，起初乃是母親。母權時代的母親，對外乃代表全家以保障其利益；對內是指導丈夫和子女以圖增進其幸福。然而，及至父權時代，其權力便移到父親身上，父親扞衛母親與子女，竟做了其利益之代表。日語曾將他叫做『家(ウチ)ノ上(カミ)』。

及至氏族——即『ウヂ』裡，須要『ウヂ』之代表者時，家長們便集合

起來，舉開會議；家長之中不論是誰，只要是最爲公平摯誠仁義賢明者，便選出來做爲氏長。這雖然算是一種選舉，其實可以說是推舉較選舉爲適當似的選擇方法。

當協同的時候，譬如在掘造溝渠時，若能由雙方發出相同的人數而共同從事勞役便可。如果在爭鬭的時候，譬如因久旱而水不足，地面生出裂痕，再過兩三天便要招來使稻子枯死的危機時，屬於甲氏族的人員爲要把水引到自己的田裡而將溝渠塞住，若使乙氏族的田裡不得通水，這時，則非惹起紛爭不可。乙氏族的人員發現了這種暴舉，若對甲氏族的人員嚴加責問，雙方便要發生口角，由口角引起雙方的激怒，以致相毆起來；結果，竟有一方負傷回向部落而去。部落的人一見大怒，當然要易於生起爲要報復而向對方的部落攻去。

這種情形，乃是由於群衆心理的作用；也並非是誰的命令，凡是男性乃都要蹶然而起。但是若涉及到廣大的地域而展開着爭鬭時，對方或許能由某處襲來也未可知；在這種狀態之下，是使自方相取連絡而完全防禦自己們呢？還是要積極底攻擊對方呢？但無論如何也要使感到須有統一自己之必要；當遇到這種必要時，氏長便要正常其任了。

氏長——氏族之長的職務，平時是向族員指導誘掖，戰時是統率指揮，使族員如同一人似的結合起來。因而，具有宏富之經驗，公平無私，細心而大膽者，多半要被推舉為氏長。這種時候，個人只不過是氏族的一個要素；所以其自由，其利益，都肯為氏族而犧牲，乃是抱着只為氏族本身的利益而存在之觀念。所以，不論是族員，也不論是統率氏族的氏族長，如果是任性，傲慢，竟欲擅行私利私慾者，便要失去了衆望，而決不能由於家長之代表會議被推為氏長。

社會學者雖然往往要說氏族之長好像是『力量』的代表似的；但是在那時候，力量却並非是腕力的表示，而是智力的意思。雖然多有有腕力的，但智力却不易得。試行檢討日本之古代語觀之，表示恐怖的『カシコシ』這句話，和表示聰明的『カシコシ』這句話乃相一致。『カシコシ』又表示着皇威的意思，因而便可以知道智力是伴着畏怖與尊嚴的；又可以窺知智力是怎樣的被氏族社會所尊重了。由於此點，也不能不說氏族長的資格並非是肉體底，而是精神底。

正在這時，當石器時代之晚期，在社會上竟發生了使招來革命的一大事件；乃是金屬的發見，發明！

四〇　銅之發見

黃金從早便在自然狀態裡曾被發見，而被用以製造出子安貝的模造品來；並且因爲質軟易施細工，且又光滑美麗，所以竟被做了製造各種裝飾品的材料。黃金模造的子安貝所具有的價值，雖然是在於和子安貝有同樣的繁殖生命的力量，但以後竟變成具有延長生命之力量的信仰了。

在這個世界裡，人所以為是極緊要的乃是生命。後世為要獲得長壽——永生不死之靈力，竟至於每天吞食黃金若干。及至這樣地承認了重要的黃金之屬性，則無論那裡，無論是誰，無論幾時，黃金竟成了極其貴重且有價值的東西；甚至一部分的人們，竟以為黃金便是生命。然而柔軟的黃金在人之愛美慾——盛求奢華裝飾之企圖——的生活上，雖曾刺激了直接所不必要的慾望，但却不曾造成將人類生活根本改革的力量。

曾用以代替黃金的金屬是銅。在新石器時代之末葉，便曾發見了天然銅；若去磨宅，則能放出黃橙橙的光，恰好有與黃金類似之點，因而在不易獲得黃金之處，便用宅來代替。銅與黃金相比，雖然色澤不佳，硬度強大而難施細工；但是却使知道了對於物體的砍割琢磨乃為便利。尤可喜者乃與石塊不同，無論如何也能施以細工，竟能造出所想像的形狀。

石器時代，人曾模做着石斧的形狀而試造出銅斧；宅乃非常銳利，較石塊便於折截。之後又試造出鏃；因形狀易能左右均齊，故能直射而善於擊中。又曾試用銅代石砥以磨石塊；琢磨固能琢磨，且能使石面生出光澤，竟造出了較前更爲完美的石塊。古代之埃及人，便曾以銅砥琢磨石塊。銅竟被這樣地用以製造各種物件，又曾造出鎗劍，其形狀都是模倣於石製器具。人的腦動作似乎偉大，任何新事都可以爲是能發明似的；其實所謂創造性乃幾乎是完全沒有，並沒有將過去之經驗——自己自身之個人底經驗，和自己們周圍之社會底經驗連綴起來，漸漸施以些許的改良以外之本能；所以，却不會立刻便勝過石器的形狀而造出新形狀來。

四一　錫之發見——靑銅

只用這種銅器的時代並不很久。銅之初被發見，雖然不知是在何處，但在巴比羅尼亞（Babylonia）早曾用過之事乃係確實。據考古學者之所推定，說純銅器之在巴比羅尼亞地方是在紀元前四千五百年代；埃及是在紀元前四千年代曾爲製造。

想起初雖然是只以天然銅製造銅器，但是，之後想必是漸次地而曉得鎔化銅鑛了。學者推斷說：那時候想必是在某種機會，曾得到較銅色異而質硬的金屬，以後竟知道了它是銅和錫所合成的東西，纔造出了銅錫的合金。銅錫的和金，即乃是青銅。

青銅時代繼續得很長。銅的時代乃在石器時代之末期，被重用者乃係石器，銅器僅不過稍被使用而已；但是，却漸漸相等地被使用起來。因而，學者曾將這個時期謂之金石併用時代。青銅時代所製造的器具，乃是鉾，劍，鎗，七首等；可推想出其年代是在紀元前四千年左右。

青銅因較銅硬，無論是做切砍器，或做衝刺具，都有强大的力量，可以得到較前更大的功効。暫且想想也可以明白，如果要去伐一棵樹木，若用石斧，先得輕輕地砍其周圍，如是再漸漸地迴繞着深砍，及至砍到相當的程度時，非從一方面去用力推壓，或是紮以繩索拖拉而使倒下不可；但自從造出青銅斧，僅只一揮便能砍去以前的兩三倍，勞力輕微而功効却大。石鋸雖不能鋸木成板，但是自從造出青銅器，便能將圓木料造成方木料了。

試觀瑞士祖利克縣（Zurich）普淮斐康湖（Pfehikon lake）之水上住居的遺址，三段泥炭層各都殘留着古代村落的痕跡。第一段和第二段的村落乃被連續地燒燬，第三段村落業已廢棄。但第一段——即最下層的村落之木樁乃係圓形，遺物具有石器時代之形相。第二段的村落稍爲進步，曾發現出家畜之遺骨；但木樁並無變化。第三段——即最上層之村落的木樁，並不曾使用木幹，而是使用製成的木料；在此層中，曾發見出鎔化青銅與銅所用的粘土製坩堝，並且其中三個因附帶着銅——或許是青銅，可知這分明是青銅時代初期的東西；同時當然又可知道及至青銅時代，製材方法曾爲進化之事了。

青銅器之發明，不但使器具機械之製造方法得到進步，並且對於一切工業，竟竹與以時間底革命。即從前須要十小時者只不過須要五小時，須要五小時者只不過須要兩小時半；不但如此，並且若和從前的時間相等，譬如甲做十小時，乙做五小時的工作，甲乙當然都能得到兩倍的生產，若與石器時代相比，生產過程頗爲不同。由於製造所須要之時間之短縮與製造品之增加，竟生起了物品的餘剩；物品的餘剩，刺激到交換的慾望；因是，竟劈開了商業進步之路徑。

四二　鐵器之發明

其次是發見了鐵。鐵器起初多半是由砂鐵所造。迄今河裡仍要流着混在砂裡的黑東西，在淺澗等處看去好像是蝌蚪等似的；人們並不曾怎樣留意。但是若將這些砂混入粘土而加上火，趁着某種機會——由於風的調度等，熱度忽而增高，那混在砂裡的黑東西便要鎔化而流出，竟變成了亮晶晶的黑青色金屬。敲而試之，乃爲堅硬；試以尖銳的部分截物，而極其鋒利；擡而試之，深能刺入；如是而曉得了它是具有極大的力量，古代人便只將那黑色的搜集起來，把宅放在土器或某種東西裡，不，乃是放在迄今製造青銅器時仍所使用的坩堝裡，加上了熱，遂獲得了許多的鐵。由這種過程發見了鐵，之後又曉得了由鑛石裡取鐵，做着青銅器的型樣，竟至於造出許多鐵器。起初雖要以爲鐵是不易獲得，故而早期者多半是不曾發見；但或許也是容易酸化的緣故。但無論如何也要認爲製鐵的額數在晚期乃曾增多，而在阿密尼亞（Armenia），外高加索（Trans Caucasia），北波斯，西歐等處曾發見不少。學者曾將這些時期謂之鐵器時代。鐵器時代之流行中心地有二：一個是哈爾斯大德（Hallstatt），一個是拉・泰內（La Tene）。兩者之型式各自不同，後者較前者粗大，並施有鑲嵌等。

——鐵器之中武器爲多；這並非是爲屠殺鳥獸的武器，乃是爲屠殺處於同胞地位之人類的武器。極早的太古，當受到猛獸鷙鳥的攻擊時，人類雖曾相扶相助，以當其共同之敵；但由於人智之長進，竟善於製造武器，尤其當發明出飛器——弓矢之後，竟能由遠處殺死猛獸，射死鷙鳥，結果，在人類造成集團而居的地點，使這些動物的襲擊減少起來，人類對於外敵的警戒竟得到了緩和。由不斷之警戒與可怕的動物之襲來的豫測中解放之事，對於人類的確是使變成了平安的世界。但利益常要伴着弊害，弊害也必要伴着利益；於是，竟在人類面前展開了至今未曾經驗過的各種新事件來！所謂新事件，即乃是人類同志的敵對行為！

四三　人口增加的結果

農耕以及牧畜之發達，使常能得到充實的食料；食料充實，使得到了良好的營養；營養良好，使得以繁殖——即使增加了人口。當農業之創始時代，可以開墾的土地雖然到處有餘，但是隨其發達致使住處固定，由於人口的增加，竟生出不能扶養全氏族的新現象來。

在這種時候，只有一條扶養氏族人員之道，即是增加耕地以及牧場之面積。然而氏族並非只有一個，到處都有許多氏族。甲氏族若去進展，便要侵入於乙氏族的居住區域；乙氏族爲要扶養自己們的族員，則無論如何也非去扞護其所領有之地不可，因而便惹起了人類間的戰爭。戰爭的確是爲保護氏族員之生命而起，並且非以會對付過猛獸鷙鳥之可怕的飛器鎗劍來對付和自己們同樣立行的人類不可。戰爭是要協力一致的，協力一致須有由會議而決定其當否的必要；爲使去指導於它，便選出了經驗宏富力量强大且被全員所深信望者來。

前面業已述過，家族裡有家族長，氏族裡有氏族長，氏族長是由家族長中之富有信望者充任。在那時候，社會的秩序乃是宗教底秩序，全人類是依着呪底宗教底信仰而行動的。呪底宗教底信仰乃是一切行動的根本，好像我們現代人類以道德做行爲之標準似的。呪底宗教上的會長乃由家族長兼任。在所謂 Patriarchy 的世界中，家族長雖然執掌家族全體的呪底宗教底行事；但他若是氏族長，也要執掌全氏族的呪底宗教底行事。那時候並沒有職業底術士，所謂術士（Magician），都是家族底，氏族底術士。任何家族，以及由家族所擴大的任何氏族，都是在共同的信仰之下的。全氏族員都有着共同的信仰，對它持有共同的責任。當然也有呪物崇拜，每個人得以信仰全氏族所不信的特殊物；但在這種時候，對於呪物崇拜的責任乃由其個人負担，全氏族並不負責。

在和平時期，氏族長之職務乃在於爲氏族員施行呪術。某家的女兒若病得將近於死，便要將其女兒送到氏族長處行其極靈驗似的呪術。家裡的老人若要感到手足疼痛，爲術士的氏族長，便要用草藥擦其痛處，口裡一邊兒還念着呪文。某青年行獵被熊咬傷，由其脛部滴着鮮血，術士便以鹽水洗其傷口，將蒲穗塗於其上。如是，病人痊癒，疼痛退除，傷口長好，便恢復了原來的健全身體。應該死去的人們，由於術士的威力得以保全了生命之事，竟成了使人口增加的第二原因。

術士不但消極底使由死亡數目減少而增加了人口，並且還積極底使石女受孕，而造成了人口增加的第三原因。美貌年青的妻，她雖曾使男子的愛情集於全身，在這個世界裡可以爲是無上的幸福；可是，雖已到了似乎能生孩子的時期，但總也沒有生子的徵狀；因而雖曾佩帶着子安貝，或者是洗溫泉，吃某種紅色的樹果，試食多能產卵的雞，或又拔下善能安然產子的犬毛藏於懷中，但總得不到這種經驗時，術士便由於直接或間接的方法，使其石女懷孕。術士之中，也有持呪棒推衝女腹的，也有使婦女跨乘石棒或擁抱某形狀之岩石的；由各種方面，刺激石女的懷胎性，努力欲使生殖作用得以有效。其努力的確是鼎量的，由是却往往生出了效果。

四四　由術士而王

將病人治癒，使死者復生，使石女受孕，此外並由於使家畜繁殖農業增進等之奇蹟，身爲術士的氏族長，不但博得了氏族的信仰，並且由各家族做爲布施所送來的禮物竟堆成如山。術士之家名利齊集，如是，術士並非是人，竟成了超越於人的偉大的存在，也就是成了活神。

活神的一顰一笑，便是全氏族的悲愁，嘆息，歡樂，興奮。他所命令的立刻實行，他所禁止的立即不做；他便是一種『威力』。

可是，隨着人智的長進，便生出了效果有無的分辨力來。民衆們竟覺到無論怎樣施行呪術也有沒有効果的時候，不！是開始覺到了多半是沒有効果。聰明的氏族員中，也有覺到呪術與結果乃是並無關係的。即在術士自身，也覺到了呪術未必有効，若繼繼着永久做爲術士的地位——現在所得到的名利兼備之地位，竟料到了不定多喈會將這兩者失去；如是，便計劃出單只取利而將名望讓與他人的方法來。

術士說：『我雖會盡着全力，但妨碍着我的精靈竟將我的力量奪去。這惡靈的貪圖不足，把你極其貴重的東西給宅吧！』。如是，一切的重貴品，玉，黃金，顏色美麗的布帛，以及一切珍寶，都經術士而獻給了惡靈。這樣，術士便漸次地大富起來。術士曾使自己的部下操作呪術，如是不知多啥覺退了術士的地位；因而便生出了職業底術士，而氏族底術士地位却變成了王。——佛累則（J. G. Frazer）以及米雪爾（Michel）等學者曾這樣主張過。人類學者將這種主張叫做『王之呪底起原說』。所有的王，我不知道是否都是這樣發生，然而這種發生經過，却不能全部否認。

王之呪底起原說，無論承認或否認，都可以說王之出現乃是政治之始原。之始原不妨可認爲是國家的出現。任何國家，起初都是宗教底國家；學者將此謂之『宗教國家』。宗教國家裡，宗教與政治乃相混合，兩者之間並無區別；在政治上的王，在宗教上乃是巫長。這種時代之統治狀態，謂之『政教一致』或『祭政一致』。譬如日本，表示政治之意思的『マツリゴト』這句話，也是由於表示祭祀之意思的『マツリ』這句話所分出來的；所以政治分明是生於祭祀之後，政治是第二義底，而祭祀乃是第一義底。

四五　部族與聯邦

王即是『權力』。及至承認了權利時，氏族竟轉變爲部族。部族乃以許多氏族爲其構成要素者居多。所謂部族，乃是由於共同所承認的權力來統治，而否認外部權力的人群。平時，宅雖也要做爲政治底一單位而活動，但在戰時乃越發顯著，竟成了將任何異族都當做了仇敵的鞏固之集團；因而部族底存在之決定底證據，乃在於獨立。

然而由於地底環境以及人底性質，竟有領悟到對於許多部族有共同利害的時候。譬如在平原居住以牧畜爲本之諸部族，和在山林裡居住之狩獵諸部族相對立時，平野有在平野的共同利害，山林有在山林的共同利害。由於這種共同的利害，平野的某部族一旦若和山林的某部族間生起戰爭，平野的諸部族便要一致地和山林諸部族對抗，尤在攻擊戰時更有結合之必要。這種部族的結合謂之『聯邦』。部族聯邦雖然不曾失掉獨立性，但是若像家族造成氏族那樣，如果部族全完融化於聯邦之中而被單一之權力所統合，這時便成立了國家。

國家乃是具有祭祀，司法，軍事之三部統制的人群；其中雖有大小，但是乃以三部統制之存在爲近世國家成立之證據。至於原始國家，雖然祭祀曾與政治一致，但如司法乃是祭祀之一部；所以原始國家仍也須要含有這種要素。權力雖有各種形態，但極普通的是爲帝王之所有。帝王多是帶着術士的性質；而對術士自身乃以爲是神的時候爲多。

由於這種關係，王多是神的後裔，現世的神的代理，化身；其權利乃是由神所賜。換言之，王的祖先是神，王是由神的意志而統治神的領域的。這種觀念，政治史家謂之『帝王神權說』。使帝王和神互相一致的有力者乃是鐵器。

四六　鐵器乃是威力的象徵

人口之增加，曾促起氏族間之戰爭，部族之成立，部族間之戰爭，聯邦之成立，國家的發生之事，乃如前所述及；但使人類急迫於這種過程的大動因，至少也是其誘因之一者乃是鐵器的發明。

石器較青銅器鈍，鐵器較青銅器銳。持有鐵器極多的人群，力量當然强大，勝過沒有宅的人群以及有宅僅少的人群。可說鐵就是威力的代表，所以鐵器尤其是劍，竟被奉之爲『神』。竟連日本也曾在熱田神宮供奉着『草薙劍』；此外如石上神宮等，做爲祠廟裡的神威顯著之神位或神寶而供奉刀劍者居多。所以便曾授劍以做氏族長的表象，賜『節刀』以做將軍的標章。

這種刀劍的神聖化，乃基於其切斷力之强大；宅越缺少，而做爲珍寶的價值越大。鐵器乃如石器時代的人們由貿易而得到青銅器時，並不將宅供爲實用而保存似的，也是曾被視爲珍寶；因而這種情緒由傳統而被子孫所繼承，竟至於將刀劍視爲神聖了。

的確只有威力强大的鐵器，纔是對於使用遲鈍之青銅武器的人群之威嚇。漢族雖有較周圍民衆進步的智力，然其武器却以從早便曾發達於西方之青銅製的戈戟爲主，因鈍重而妨碍了靈敏的動作；然而占據於北方之漠北諸民衆，例如匈奴以及東胡，因早就使用鐵器，所以對於戰爭是常要不得不敗衂的。秦始皇既然持有統一四海之威力，還要建築將漠北與漠南分開的萬里長城，而採取意欲妨害北狄前進的防禦態度之所以，雖然也是因爲一個是富有移動性的牧畜民衆，另一個是溫和的農業民衆；但又可以認爲是因北方民衆持有豐富之鐵器的緣故。

智力竟如是的漸漸敗於腕力，鐵器帮助了王，使智力社會變換爲腕力社會，使人類遭到了將和平國家轉變爲戰爭國家的過程。暴政之發生，好戰國家之出現，意欲由血液而獲得名譽和光榮之慾望的發生，不妨可說是由於鐵器所誘起的。由此點觀之，鐵器竟是造成了使人類踏錯路徑之動因的東西；雖然因此也曾促進了文明，但是曾受損害之事也可以說是不少。

四七　金屬與貨幣

及至用其他的貝，角，骨等做造出子安貝之後，又用黃金模造以做呪符，而開始生出黃金的價值之事，在前面業曾述及；由其結果，黃金竟變成了具有長生不死之屬性的東西。發見了青銅，於是又造出鍬以及刀，及至認識了它的實用價值，中途又和黃金一樣，也用它來模造子安貝，以黃金鍍於其上，供為呪術之用。如是，青銅也變成具有和黃金相似的屬性了。

中國古代，也和居住於西比利亞的匈奴一樣，曾造出了青銅製的刀。這刀便是所說的環頭刀，柄部的下端成做環形。若看中國的石彫，便可以考察出揮舞着環頭刀的情形來。不但如此，並且從中國直到西比利亞的葉尼塞伊

(Yenisei)附近，多能找出實物。此刀有短的，叫做小環頭刀。青銅又被用以做鍬。鍬有套孔，將柄附於其上，爲耕地所使用；當時的言語將它叫做『布』，曾和前述的環頭刀，單叫做『刀』的互相並立。

子安貝乃是任何人所必須的呪符，所以無論那裡，無論對誰，都有價值；因而它便成了交換的標準。當任何人所必須的青銅刀及『布』不久也如是地成爲交換的標準時，竟使它們單純化而做了交換的媒介；就是使『刀』單純化而定出一定的重量和形狀的便是『明刀』以及其他的刀貨；使『布』爲之者便是布貨。有人說：『刀』與『布』，雖在戰國時便曾造於各地，一般當做貨幣而通用，但是因爲形狀窄長且有尖角，不便於運搬而且携帶困難，故而去掉了刀的刄部，只剩下了環的便是有孔的圓形貨幣——即青銅錢之起原。周時雖然也有圓形的方孔錢，但這分明是在秦代的半兩錢以後所進化的。然而無論如何，貨幣都是經過以上的過程，乃是由子安貝所進化而來之事，至少在中國也能得以肯定；也就是可斷定出貨幣經濟是由繁殖之呪術所分岐的。

由中國之一部，曾發掘出許多青銅製的魚形板。其中雖有大中小三種，但是形狀與重量大體乃相一致；所以這些東西曾被當做交換之媒介，價值之標準的貨幣而用之事乃不成問題。但是何以造出魚形？多少不能沒有疑問。然而像中國本土那種與海遠離，具有巨大河川之地，想一定要把乾魚——即將魚類晒乾的東西，做爲副食物的；多半因爲它是一般的必需品，總模倣了它的形狀。

世界之中，到處都曾以子安貝做爲貝貨而通用過；並且由於近代仍還通用之點觀之，由子安貝而進化到金屬貨幣，乃是沒有些許可疑之餘地。因此，我以爲是由於生生繁殖的呪符，竟生出了後世的母神崇拜（例如 Demetar）的宗教和使用貨幣的經濟之兩種文化相來。

四八 職業之分化

農業漸爲複雜，及至婦女無論如何也非從事於產兒和哺育不可，而難以做爲閑暇時的工作時——即由簡單的圓圃淺耕而轉變爲用犂來深耕的農業時；男性竟將農業由婦女之手奪到自己們的手中之事既已述過。

工業也和農業一樣，當製造簡單的石鏃或造石小刀時，規模也是狹小，曾由婦女做爲閑暇時的工作而充分地從事過。譬如在沙灘上，把珠玉等美石取來，用石錐將它穿以小孔那種程度，雖連婦女也曾能以做到；但及至吹玻璃球，或用堅硬的水晶以及紅玉髓瑪瑙，翡翠，造成長圓柱形，圓形，棗核形，多角形，以及彎曲的鈎形等複雜的形狀時，職掌烹調及縫紉的婦女便做不到。婦女雖有豐富的愛美精神，並且充分具有操作細手工的天性；然而只因爲沒有乳房的男性不能撫育幼兒，而哺育無論如何也非由婦女去做不可的理由——雖然有的狩獵民衆，或者男性也能用羊奶或牛奶得以撫育幼兒……竟盡量將複雜技術交到男性的手中去。

不但將造玉技術，竟連一切技術都付交於男性手中的婦女，僅僅只將育兒烹調縫紉留於手中。不，及至連烹調與縫紉也曾隨着技術的進步，使婦女不能在閑暇裡而做到時，不適於出獵或戰爭的老人以及兒童之一部，竟有從事於宅的時候；農業和工業，竟這樣地由婦女而移給了男性。竟連工業之中，也要分出造玉，造鏡，造刀，造屋似的，由於技術之進步而促起了職業的分化，竟使勞働的分岐逐年顯著起來。這種勞働的分岐又使技術漸次進步，精巧再精巧，手工藝竟進步到如今所想像不到的程度。

四九　武士階級的發生

石器時代之戰爭，僅不過是以石棒相搏，或用木弓放射石鏃，用石鎗以揰對方之胸部而已。只要能操石棒，拉弓揮鎗者，無論是誰都能從事戰爭。然而到了金屬時代，武器精巧起來，及至智力長進，戰術複雜，而沒有戰爭之經驗者對此則不可能。

起初只要是男性都是戰士；所以一旦生起戰爭，無論老幼，凡能工作的男性都要捨棄了鐮，丟開了鏃，撇去了犁，而挺身到戰線上去。即便是在料到若不立刻收割則要失敗的時候，即便是在播下種子之後非去踐踏不可的時候，即便是在非去耘草不可的時候，或是當着若再不修理爲灌溉所用的溝洫，水利則有完全無効之虞時，一旦對方來襲，也非立刻出去戰爭不可；非去赴向無經驗之戰爭不可。在古代民衆之智慧者的腦海中，曾想到這是無論怎樣觀察也不方便的事。

因是便生出了戰士階級。從事農業的人，只要努力使田地裡的東西大量生產便可，農耕以外之事，一切都不干涉也成。反之，戰士却負有假設是多喈都有戰爭，不論晝夜應所必要非去携帶武器挺身於前線不可的義務。戰士第一非得衛護氏族長或部族長不可；如果他們若發生萬一，則不能行以指導，因而自己們的戰士團，定要不能操取一致的行動。其次是非去保護老人，非去拚命地衛護嬌弱的婦女和幼兒不可；他們乃是沒有戰鬪力的『內部』的人群；『外部』的人群——戰士，非得保障他們的安全與幸福不可。第三非去保護從事於耕作的人們不可；假使他們若被對方活捉了去，便不能生產支持氏族或部族之生活的食糧，如是則只得餓死了。戰士主要是爲保護這些非戰鬪員；既然受到他們所供給的食料衣服以及其他的必需品，因而雖然伴有生命的犧牲，但也負有非去從事戰爭不可的職責。

如是竟分出了兵農階級。農民雖然常要忙碌，但戰士只要沒有戰爭却都是閑着；因而戰士平時雖也幫助農耕，並且還要從事於武器之製造，修理，戰爭之練習，或又捕獲可做爲副食物的獸類，鳥類，魚類，而把牠們送給氏族或部族。越屢經戰爭，人心越要勇壯，身體越要強健，隨着日月之經過，世代之積累，而戰士之戰鬪性竟發達起來。反之，非戰鬪員却漸次地失去了他的勇氣，怕死求生之心，竟愈漸劇烈了。在怕死心和求生心的所有者看來，冷笑死之臨頭，捨生奮鬬之勇致的戰士是偉大的。當赴往戰爭之際，年青的姑娘們乃以信賴與感謝之情來送他們。老人和婦女竟流着淚而祈求着安然的凱旋。戰士階級，竟這樣地漸而占得了社會的上位。

五〇　奴隸之發生

當着人的集團由先行社會進化到眞正社會時，在他們面前所展開之鞏固的結合狀態，乃是以家族爲主旨的血屬社會。本來家族便是血屬群；無論是母權家庭或父權家庭，都是母親或父親與其周匝之子女的結合，即親與子的結合。莫說是祖父祖母，即便是叔父叔母，因爲也都是血液相連的親屬黨眷，所以他們是有被收容在以血屬爲主體的家庭內之資格的。

然而在家族中繼續着不幸，譬如母親病死，父親戰死，長子就於病床，只剩下幼弟健全的時候，他不能獨立支持生活，何況對其兄長當然又沒有任何辦法；在這種情形之下，竟被收容到離其家族之居地極近的其他家族之中，或者與其家族曾有某種關係的其他家族裡去。隨着文明的進步，竟生出了社會的落伍者來；如是，當他們失掉經營家庭的能力時，則被收容到其他的家庭裡去。然而因爲家族是血屬群，所以非血屬的那些社會的落伍者們，當然是沒有被收容到某家族中之資格；因是竟有須去找出可以收容他們的如何理由之必要。

在這種時候，有許多家族長竟把須去收容的非血屬當做了血屬。所謂把非血屬當做了血屬，即是將非血屬做爲準家族，準家族曾被以子女待遇的時候居多；如今仍所存在的『養子』，大概都是將非血屬者當做自己的子女。並且拿日本來說，在江戶時代，以舊社會相爲傳統的一部職業團中，乃以『親分（オヤブン）』『子分（コブン）』之關係，而將非血屬者收容在家庭中，將他做爲準家族的習慣，如今雖爲稀少，但仍舊還殘留着。所謂『子分（コブン）』之一語，古代乃叫做『家ナッ子』，如是又轉訛爲『ヤッコ』，即生出奴隸之語來。所以，奴隸本來是由人類之愛他底動機所發生，乃與今日之孤兒院收容孤兒，養老院收容衰耄無依之可憐的老人的性質相同；決不是對準家族虐待酷使，由此而使有益於家族長及其家族之利己底動機爲胚胎。然而奴隸之原理，竟遭到被別的情形所應用的時機了！這的確是遭到了令人傷心的結果。

五一　戰敗者收容

人類之結合狀態經過各種變化，及至由於氏族群及部族群的出現，而使誘起了戰爭；雖然是由共同祖先所繼傳，但其關係已至於不明的人類同志，竟生起骨肉相殘的醜惡之組織底行爲來。刀，劍，槍，棒，至今曾對付過猛獸的一切利器，其又竟轉向了同胞；竟將能達至遠處的投槍以及弓矢，至今曾對付過高飛於空中之鷙鳥的飛具，使對向具有同形同性的人們自身來投射了。

堅固的頭骨破裂，從眼球裡流着鮮血，失去了隻臂，腿被刺透，脚被砍掉，這種可怕的畫卷，竟展開在戰士的面前。怒號，狂呼，突進，奮鬪——當在極其狂亂的期間，由於群衆的心理作用而具有殺入敵陣之勇氣的戰士們，任何一方若已敗北由戰線而後退時，或又回到自己們所歸屬之村落裡來時，聽見了一起被姑娘們，老人們送走而出陣於戰線的人數已減，竟不能不使陷入一種不可名狀的無量之感慨中的。

在這氣壯心粗的戰士們之中，竟有將這種不幸視爲人生之常態的；又有雖然可悲也不以爲是悲慘，而以爲是勇士之光榮的；並且也有既在果成擁護非戰鬪員的職責之先，便已覺悟到粉骨碎身乃是當然之義務的。可是，喪掉了身爲戰士之丈夫的嬌弱之妻，失去了身爲戰士之子的老母，兄長被捉去的幼妹，這些人們遭遇到戰士的死傷，却是不堪的痛苦，悲哀，遺恨。這種富有人性的心情，藏在了憐恤那一敗塗地而喪掉的江東子弟的項羽心中，藏在了在獅子國凱旋得勝之摩揭陀國阿育王的耳內，竟變成了哀悼丈夫之妻，哀悼孩子的母親的慨嘆之聲響。勝利的悲哀竟打動了這些凱旋者的心，使他們生起極度的不安。自己之所不欲，亦即他人之所不欲；自己之悲哀的經驗，竟生出了他人之悲哀的類推；如是，對於戰敗者之同情遂爲發達起來。

那時候的戰爭，乃以盡量殺敵，盡量奪取敵人的所有物爲理想；因而像那些戰敗者，多半是被殺戮。然而，對於戰敗者的同情心之發生，竟使停止了將降服者或被俘者殺掉，而展開了將他們和掠奪物同被帶回自己們之村落的行動。由此，便生出了奴隸的進化，即將戰敗者帶回，使從事於雜役，農業，以及其他；遂發生出和從來的『ヤッコ』之性質稍異之奴隸來。

在這些奴隸之中，也有曾加上不屬於戰士階級——即非戰鬪員之農民，婦女，以及工人的時候。當戰敗而自己們的村落被對方戰士所蹂躪時，沒有戰鬪力者乃是無可如何的；若逃則被殺掉，不逃則被捕俘，將老幼男女弄到一起而被帶回敵地。被帶回去的他們，在敵地裡從事苦工，幾乎完全沒有自由，僅能過着只可支持生命的生活。

五二　自意識之發達

起初人類的社會，乃是因集團而存在的；所以一切規定，一切習慣，都是以集團爲中心而制定，進行，改革。這裡並沒有個人的自由，個人只不過是構成集團的一個要素的存在而已。

那時候，個人方面並沒有自意識之覺悟；即便有也是像遠在深霧中之陰影般的淡薄。主要是冷，熱，飢，飽，東西的軟硬那種程度的感覺，並沒有關於自主自由的意識。較於嬰兒找奶欲飽其腹的本能，並非是怎樣進步，只不過是順從着不知多嗜是誰以怎樣理由所造成的習慣設想，動止而已；並沒有自己應當如何設想，如何動止的事實。

然而，人類的慾望——即從最初人所具有的生命之慾求，漸次抬頭，及至對於無意識底集團的構成員之行動，能由自己去判斷的時期；竟使得到了曝露在寒風裡，工作於炎天下的痛苦，只是由於習慣的指導和輿論的推進而使忍受，不這樣做却較去做爲易的觀念。生命的慾求，恰好使人獲得了兩種相反的行動：一種是爲支持生命，而生出了敢冒任何艱苦的勇氣；另一種却生出了盡量避免艱苦，欲使生活享到快樂的怠惰心來。勇敢與怠惰，同是由於生活平安之慾求所生起的兩種相反的現象。

怠惰生閑懶，閑懶生遲疑，遲疑生自私，自私竟求得了其肯定的理由。如是，竟發生出直到這時曾以集團爲主而存在的人類，當然也可以爲自己而存在的人類來。自意識乃是由此而生出了萌芽，竟至於漸漸地變成具有高潤深遠之意義的東西。在自意識發生以前，人類雖也希求生存，但是却不怎樣怕死。戰場上勇敢的戰士之決死於敵前，多由缺乏死的恐怖心爲原因，而被以死當前之犧牲底精神所督促。然而，自從自意識發生以後，便生起了極力避免着死而欲得到長壽的慾望；如是，在戰場上以背向敵者竟多起來；後頭部負箭，背面被投以投榆者竟多起來。

這就是使生出投降者的第一個理由。投降者的增加即是奴隸的增加；戰鬪的態勢愈大，而奴隸的數目也要越發增加，竟有達到幾百幾千之數的時候。因爲他們都願意活着，意欲遇機而能再回到他們自己的部落，得以再現其戰爭以前的生活，所以纔在敵地任從敵人的酷使；這也是因爲他們的自意識並不像往昔那樣使他們寧肯流出最後的一滴血的緣故。

五三　不戰契約——中立地帶

及至有了這種自意識之覺悟，因自愛而自私的心理時，人類由於屢次地戰爭，一定要由經驗而領悟到戰爭並不一定便是彼此的利益；悽慘的戰場風景，定不能坦然靜觀。本來戰爭並非是目的；戰爭之本義，只不過是爲使自己們所屬的集團得到平安的生活，而去反抗欲要脅迫於他的其他集團，或是在將發生脅迫於他的行動之前，先行下手，而由自方豫先討伐其他的集團。所以目的乃爲平安，戰爭只不過是手段。有『平安』之處，乃是不起戰爭的；只是沒有『平安』之處，或有失掉『平安』之慮的地方纔發生戰爭。

其所注重的『平安』，雖爲任何集團之所需求，但是其中的某一個團體一旦生起擴張運動，或是開始移動，或是現出這種形勢時，其他集團爲要得到平衡，則非去抑止其集團之擴張及移動不可。結局戰爭不外乎是平衡運動。有一派進化論者和經濟學者們，雖以鬪爭爲人類生活之第一原理，但在我輩的眼中，却不得不以爲平衡乃是支配人類生活的根本法則。

且把戰後所發生的許多事實，在閉上的眼中試描一下：烏鴉在啄食着死去之戰士的眼球，犬在舐着咬斷的腕骨，紫色的脣裡爬着蛆蟲；蒼白的臉和緊咬着的白齒，以及凝固在頸上的黑血，悽慘地相配合着。可以居住的小屋竟被燒掉，老人失了去向，可愛的妻被淫辱，子被奪去，井被毀壞，田被蹂躪，只要是生活上所必要的一切物資，都被搶奪了去。村落到處仍還𤍠起着不曾燒完的小屋的煙。這種光景，曾屢次映入古代人類的眼簾；在其胸中，深深地領悟了戰爭之可慘，而使籌思着是否能有使它廢去的方法。

如是，在極早的太古，便使結成了不戰契約，而設定出中立地帶。若以東洋來引例，曾在中國之漠北過着行國之生活的匈奴與東胡，屢次於戰場相見，一世解決不了，則使繼續到次世，竟繼續了三四世代的戰爭。原始社會戰爭的性質，乃在於累世互相復仇之點。他們這兩個種族，便是曾累世地戰爭着。如是，及至知道了結果並無所得，不，索性是多有所失時，他們遂又互相商量，在彼此之間設定出『棄地』，意欲由避免彼此之接觸而使減少誘發戰爭的機會。所謂『棄地』，便是如今的中立地帶；那裡不住人民，那裡是由不許戰爭的規定所造成的特定區域。

『棄地』之出現，便是否認戰爭；否認戰爭，便是領悟了死的無益；並且，領悟了死的無益，便是慾求生之永續。長生不死之夢，意欲使其實現的長生不死藥——即 Elixir 之索求，竟這樣地使古代民衆幾乎全都在夢想着。

五四　生命二元觀

古代人的自意識，雖曾生出各種觀念，但其中極有興趣的收穫，乃是將生命視爲兩重。夢中與友相會，在暢快地談着話，吃着美酒佳餐的他，頃刻醒來，當看見了仍然如初在那裡躺着的他的本身時，定要想到是某種東西曾由身體裡脫出而去訪友的。當看見了方纔還在一起談笑的人，忽而仰仆不語，眼睛變白，牙齒咬緊，雖呼喚而不答；不久之後，纔徐徐地活動着手足，轉動着眼睛，張開了口，注目地遍視着周圍，而現出安心似的面孔時，定要想到是某種東西若離開肉體，肉體便要暫時不動，這種東西若要回來，纔又開始了動作。古代民衆，由於夢的現象，昏迷的現象，而曉得了和肉體分開的某種東西的存在，遂將宅命名爲『靈魂』；把收容靈魂的東西命名爲『肉體』。靈魂與肉體雖曾相依，但靈魂若去肉體則不動，靈魂若在肉體始能活動；因而竟發見了靈魂乃爲本體，肉體乃係其形，本體與形兩相結合，纔成立生命的理論。

生命二元論之觀念，遂又使人類生出了如果能使死人的肉體不朽而保存起來，則離去的靈魂恰如夢中他去，後日定能回來似的而再回到原來的寄宿，如是，那死人定能蘇醒過來，照舊地談笑，快樂地歌舞的想像。

這種想像，根本是錯誤的。雖然一定是錯誤，但是人們却由這種想像而籌劃着各種方法以延長生命，而赴向了欲使肉體不朽之技術及其原理之發見的無限之路徑。人類文化，的確是被這種不可依據之發見慾望所驅使而進步的。這種想像，便是使人類文化得以進步的最大的動力。一切學問，一切技術，都是被這種想像所推進的。由使肉體不朽而保存之計劃的結果，竟生出了乾屍（木乃伊）。

五五　乾屍之製造

由生命之延長以及保存之慾望所引起的『不死』觀念，如前所述，乃認爲死是靈魂之暫時底分離，人類的死，乃是靈魂暫時離開肉體所發生的現象；如果靈魂回來，死人則定能復生。因而由於宅多喈回來皆可而其所寄宿之肉體乃有保存之必要的理由，遂起始了乾屍之製造。

乾屍是從多喈由誰在何處而起之事，乃與一切文化之起原相同，竟是不能知道的。然而是在世界中之文明極早的美索不達米亞或是埃及之所起始，於埃及完成而發展到世界之事，業已不成問題。對於乾屍之發明的起原之探究，並非是當面問題，這裡乃是以究察宅是用怎樣方法所造爲主點。

然則，暫且先將乾屍之起原極簡單地略說一下：埃及多有沙漠，除雨期之外幾乎不雨，並且氣候高昂，太陽的光芒與熱度直射而將宅晒暖；那裡是世界中最爲乾燥的地方，乃自古來便有所聞。古代埃及人當葬其屍體時，起初——在新石器時代以及金石併用時代……上埃及之挨拉姆拉的墳墓好像爲其代表；乃是採用着將地面掘成略圓，把屍體屈葬其中，周圍置以土器，而以小石塞其四周的方法。屍體往往曾被包以羚羊的皮。銅器時代，雖然也幾乎有同樣的習俗，但是，由於風將沙石颳去，豹將屍體拖出，或被偷兒偷盜等事實，死人的運命竟分明地映入了民衆的眼簾；即屍體乾燥，不曾因腐敗而破損的時候居多。這種現前的事實，竟使埃及人感到對於屍體保存保護之特殊的重要性，而設法豫防屍體之腐敗，以延長其存在；這種觀念發展起來，遂發達到不朽的信仰。

如是，古代之埃及人，上至帝王下至庶民，都將屍體做成了乾屍。在古代埃及遺跡所發掘的乾屍很多，其裝飾等各有不同。今試舉一例，阿門荷塔普（Amenhotep）第三世王妃齊伊之父，即查阿之夫楢阿的木槨，曾陳列於開羅（Cuiro）之博物館；其木槨乃被塗以地瀝青（Aspnalr），曾以繪畫與象形文字飾於表面。槨中收容着三層裝飾棺；第一層乃係外棺，全面曾塗以地瀝靑，有灰泥之細工裝飾於表面；臉和手曾施以鍍金，頭髮乃以黑色及金色線條而表現；眉毛和睫毛乃以濃綠色，虹彩乃以黑曜石來表現。第二層中棺，曾飾有灰泥細工與金銀箔，嵌有各種顏色的玻璃，臉曾施以鍍金，在那左右交叉着的貼着金箔的手下，現出展着翅翼的鳥形，其下現出女神努特之立像。第三層內棺，極為精緻，其臉乃係精確的摹寫；死者的乾屍，即收藏於此內棺之中。錫提（Seti）一世，托特美斯（Thothmes）四世，以及前述之榆阿的乾屍，可充分使回憶到其在世時的容貌；竟在數千年後之今日，仍能瞭然地見其面孔。

在埃及，不但只發掘出人，並且又曾發掘出許多鱷魚，牛，貓的乾屍；竟將那時候埃及的信仰，盡都告訴了我們。在貓等乾屍之中，竟有令人欲撫那樣的可愛者。

五六　使屍體固形化之手續

乾屍之製造方法，雖依時代而不同，但幸有自紀元前四百五十七年秋至四百六十三年春曾逗留於埃及的希臘歷史家希羅多德（Herodotus），有關於乾屍製造法之詳細的記述；此後的四百年後，訪問於埃及的吉俄多爾斯・西克爾斯，也曾記有幾乎相同之記述；因而當時的製造法，能使如在眼前似地瞭然。

希羅多德曾記有三種乾屍之製造術：第一種方法最為奢侈；乃是先將腦髓與臟腑除去，以椰子酒洗其腹，其中塞入沒藥（Myrrh），桂皮和香料，然後將屍體浸入曹達（Soda）槽中七十日，到了期限，再從槽中拖出洗淨，以麻布纏起，用橡皮汁使固結起來。第二種方法是將杉脂注射於屍體，然後浸入曹達槽中。第三種方法，極便宜且又簡單，只是貧民所施行者；乃是先將腹中以 Serum 洗滌，而在曹達盆中浸入七十日的方法。吉俄多爾斯之所記載與此雖無大差，但是唯有用 Cinnamon——即肉桂，却不曾記載着桂皮，這值得注意。肉桂與桂皮想定係同物，但其詳細如今乃爲不明。現在根據這些記載，且將乾屍之製造法立出簡單的順序來述說一下：

第一除去臟腑一事，乃是排除腐敗之主要動因的細菌類，俾使屍體得以保存。第二以椰子酒洗腹，雖因椰子酒的性質不明而不能斷言，但反正一定是富有酒精成分，所以當然能適於殺菌之用。第三以杉脂注射於屍體，因其物之性質不明，故而不知是有怎樣的作用。第四之浸入曹達中，可以爲是殺菌之目的。第五之使用樹脂及香料，一定也是殺菌之目的無疑。

手續雖然這樣煩雜，但也無厭，而去消耗時間，勞力，金錢，欲使屍體永久保存之主要動因，乃是在於曾豫想着離去的靈魂後日定能回到這裡而使乾屍的本主復生之點。以後，覺變換了目的，而變成了只使屍體永久保存，欲將在世時的容貌傳至後世的觀念；但根本底本來目的，乃是由於欲使實現長生的慾望所生出來的。

五七 硃塗之屍

在日本，往往可以看見被塗以硃的屍體。當我觀察山形縣金井古墳時，其古墳內曾被塗得朱紅，眞是燦爛奪目。祭器，副葬品等，往往也被塗以硃或酸化鐵。日本人因爲是崇拜太陽的民衆，所以也並非是不能做因爲是尊重太陽色的紅色，而將宅供爲具有神性物之用的解釋。日本民衆的確是崇拜紅色，崇拜太陽；例如其國旗，乃是在白地上染着紅色的日章。這乃是使太陽和紅色相一致；並且國旗制定的根本動因，乃在於這種崇拜，所以如上之推測未必是不合理。

然則再深一層的考察，舊石器時代之人類，既已知道了喪失血液乃是喪失生命的動因，所以竟達到了血液便是生命的結論。因爲血是紅色，所以便相信一切紅色東西都有和血液相同之賦與生命的力量；因而竟把赭土等置於屍體之周圍，或用酸化鐵，或用酸化水銀（硃）以塗死者的臉。即在如今所說的吃莓和蘋果等一切紅色的東西能使活潑，能使長生；便是由於紅色東西含有鐵分，而鐵分能以補血之藥學底，化學底理由。但古代民衆，却並非是由於這種理由，只不過是根據着紅色東西都能做爲血液的代用，因而要具有能賦與生命的力量之簡單的推理。

將死人塗之以硃，將古墳的石槨塗成紅色，乃是根據於死人若被具有賦與生命之力量的紅色圍繞起來，不定多嗜定能得力而再起的推理；並非只由來於紅色崇拜，乃已瞭然。

五八　藥學化學的曙光

設法使生命延長，極力使死人復生的希望，竟造成了使人類尋求長生不死之藥——即 Elixir 的起因。秦始皇傾聽道士之說，爲要到蓬萊去尋求它，而差徐福過海，依然是基於這種慾望。

有的呑金，有的口含珍珠，有的嚥下銀硃；這仍舊是先前所述過的呪術行種種變形，由具有呪力的靈物——即含有 Manna 的神性物而進化爲藥品。我們現在對於一切藥品，一切化學製品，雖都信以爲是由於人類之科學底努力而得；但它並非是由學術底索求所產生，只不過是曾被做爲前述之呪術所用的東西之進化形而已。我先前所說過的由呪術而產生出一切學問，即是由於此意。尤其化學，藥學，以及醫學，乃是呪術的直系後裔；而哲學乃是神話的子孫。

藥學及化學之起始，曾現於埃及。我們由於乾屍之製造，便已經曉得了是用和如今並無大差的方法；乃是使用過曹達，Serum，沒藥，肉桂或桂皮，鹽，樹脂，地瀝青，橡皮等。埃及人竟連油，脂肪，蠟，以及各種東西都曾用過。顏料有白色，灰色，紅色，青色，綠色，黃色，黑色等；塗抹木器竟用過假漆（Varnish）。

化學工業竟這樣地曾在埃及達到全盛之境，而將今日文明國所實用者除去埃及之所發明則要成爲一無所有似的影響賦與後世；換言之，今日之文明似乎是像由埃及所接連下的線尾一般。釉藥分明是起原於埃及，然後纔開始造出玻璃。學者之中，雖有說宅是起原於外國的，但這並非是重大問題。在埃及正式製造玻璃，是在第十八王朝之初頭；至其中葉，技術竟達至全盛。玻璃之最古者據說是阿門荷塔普第一世之小玻璃球。玻璃之中有白紅靑綠黃黑等各種顏色；據巴羅契（Barocci）之分折，埃及之第十二王朝，第十七王朝，第二十王朝者並無大差。若將第十二王朝者舉出一個例子，其含有元素是：硅酸六八・三，鐵及鋁（Aluminium）之酸化物三・二，石灰四・九，氯化鎂（Magnesia）一・〇，鉀（Potassium）二・〇，曹達二〇・二，錳（Manganese）〇・三之比率。以此與波斯及培贊次之玻璃相比，含有量並無大差。

埃及的玻璃製造法，傳入希臘，傳入羅馬，傳入東羅馬，進入東方諸國遂又傳至中國；經朝鮮而傳到日本，是在紀元前數世紀。在日本之古墳內，曾發掘出許多爲副葬品之佩玉；其中有深藍色的『吹玉』若干，『吹玉』即是小玻璃球之義。由於這件事實，也可知道日本人之祖先的文明有賴於埃及之處爲多。

五九　宮廷工業之興隆

這種工業是在那裡操作？我們已經談過，石器時代早期的工業是在家庭裡由婦女來操作；石製品，角製品，骨製品，都是以家族之使用爲目的，而只將其所需要的製造出來。例如珠玉，起初一定是曾徘徊於沙灘，而將奇形的，例如正圓形的，開孔的；顏色美麗的，例如蛇紋石，紅玉髓瑪瑙；光澤且透明的，例如水晶；採集起來，由婦女不遺餘力地將它磨成適當的形狀。但是，像玻璃這種超過於自然的美麗，光澤與色彩的東西，終不能爲婦女的閑暇工作所能製造；這些工作，竟業已移到專門家的手裡去。工業也是像農業由女性而移到男性那樣，由男性從女性接受過來。職業之分化漸次進行，而製造技術雖曾漸爲進步，但工業恰如農業之企業化，帝王貴族對此竟不沾手，而使奴隸從事耕種似的，也是在帝王宮廷所附屬的工廠裡，由於特定的部族或製造團體——主要是屬於卑賤階級者——等奴隸之手而操作。在克里特（Crete）諸薩斯（Cnossus）的宮殿裡，曾有這種製造地之遺跡。愛琴海（Aegean Sea）之宮廷工業極爲繁盛，曾從那裡造出許多美麗的，寶貴的，珍奇的物產；玻璃等僅不過爲其中之一。建築，彫刻，繪畫，一切的美術工藝品，起初都是由於這種特殊的賤民階級所造；如是，這種東西竟充滿了帝王的倉庫，時常也有由這裡交與貴族們之手的時候。帝王竟如是地獨占了工業，而將時代之富集於己身。

使帝王强者乃是金屬，使帝王富者乃係農業與工業。食糧，裝飾品，武器，乃是古代一切的經濟財；由此而湧出了各種力量，湧起兵力，湧起富力，因而竟湧起了權力。如是，帝王之地位漸爲穩固，由選舉而變爲世襲；起初雖然是在於名望與資格，之後竟至於以血液來做了先決條件。帝王之所君臨的乃是國家。我們所主張的帝王之世襲可做爲國家乃由家族、之擴大的證據，並非是無根據的。

六〇 權力之平衡

具有這種帝王的國家生出許多。國家起初雖小，但却漸漸強大起來。國家無論大小，乃由於權力來統率指導之事並無變化。

權力之所在——帝王，如同家族長之對待家族員似的，乃以構成其國家之土地與民衆爲目標做原則；也就是具有如同親與子般的關係，以圖民衆的平安與幸福。然而這種權力者並非只是一個，因爲到處都有他們，並且他們爲謀其各自權力下之民衆的平安與幸福，所以一旦另外若開始現出意欲使其破滅似的更大的權力時，爲要得到平衡，便生出了意欲使其權力均化的運動；馬克斯(K. H. Marx)等曾將這種平衡運動命名爲鬭爭。鬭爭乃是手段，想由手段而欲得到的目的乃是和平；乃是欲要求得和平之協同的熱望，竟變成了鬭爭的形勢而表現出來。人們雖有行骨肉相殘之殘忍的行爲者，但那並非是天性，乃是一時底發狂之姿；正常的人類，非是由協同而使彼此有利的和平動物不可。

像那一切都使歸於戰爭，竟連和平事業也借戰爭的口號來稱呼的人們，因被錯誤的鬭爭觀念所累，乃是不能發見自然與人類之眞相的。過去的野蠻時代暫讓一步，人類即便是曾將生存競爭視爲生活之指針，但及至根據自由的意志能來支配自己以後，無論如何也非以生存協同做爲人類生活之指導原理不可。

生出了許多原始國家，竟至於彼此以白刄相搏之所以，一向是爲了其各自的擁護，而不過是欲使保全國家內的和平與幸福之平衡運動而已。這種運動，由古代直連續到現代；例如近世之世界大戰，曾展開了極悽慘的大活劇，其動因是不能以單純的『鬪爭』之原理來解釋的。我們現在乃有由於以協同之法則爲基礎的『平衡』之原理，再把人類文化史另行觀察一次之必要。這裡所述說的人類協同史，其範圍雖主要是只限於太古，但由此當然能充分指明現在，能使解明須作將來之指導的『平衡』之原理的。我們現在希望能以人類學底諸研究之成果，使由錯誤的『鬪爭』原理而轉向到眞實的『平衡』原理的轉換運動。爲其諸研究之成果之一般底還原底記述之試嘗，即乃此貧弱之一篇。

索引

二畫

三畫

四畫

五　畫

六畫

七畫

八畫

九畫

十二畫

十三畫

二十畫

二十四畫

敬啟

『民國專題史』叢書，乃民國時期出版的著名學者、專家在某一專題領域的學術成果。所收圖書絕大部分著作權已進入公有領域，但仍有極少圖書著作權還在保護期內，需按相關要求支付著作權人或繼承人報酬。因未能全部聯系到相關著作權人，請見到此説明者及時與河南人民出版社聯系。

聯系人 楊光
聯系電話 0371-65788063
2016年3月28日